形、动、色、文、音的相互作用

多媒体设计应用

The Application of Multimedia Design

[韩]金钟琪　王斗斗　著

上海人民美术出版社

" 东方造型意识的根本是因为有心，
东方文化思想来源于从未加工过的人与自然。
希望通过对这本书的学习，你能理解和活用
形、动、色、文、音的相互作用，
发挥独具个人魅力的、丰富的创意能力。 "

序言

1997年冬天，第一次访问北京时所感受到的文化冲击，让我深深地爱上了中国，事已过12年。1998年，我与北京理工大学张乃仁教授和日本九州产业大学纲本义弘教授共同创立的亚洲设计研究中心，成为了我向中国设计界教授们学习中国文化的契机，并于2001年与北京理工大学共同开设了艺术设计硕士教育课程。从2003年与中国上海工程技术大学合作创立中韩合作多媒体设计学院，到2009年7月，已培养出了三届中国多媒体专业毕业的大学生。现在，与中国上海音乐学院共同合作设立数字媒体艺术学院，同时担任该校的博士生导师。我在韩国出生，在日本完成学业，现在在中国、日本、韩国的大学从事多媒体设计教育工作。

通过了解世界历史，我们可以知道，向来是文化引领政治、经济、社会的发展，且21世纪新文化潮流指向亚洲也是众所周知的事实。现在，全世界面临的经济危机像是检讨产业化时代产物——资本主义的变化一样，我想，设计教育也到了有必要开始改变产业化时代的教育方法，寻找符合新时代的教育方法的时候了。

多媒体设计教育如果用原有的教学方式会产生一些解决不了的复杂问题。第一，西欧诞生的"多媒体"用语，其本身无法充分解说现在的多媒体环境；第二，文化艺术和科学技术的教育应当并行；第三，应当通过与其他文化相融合来扩大学生的求知领域；第四，教育不再是单向教育而是双向教育；第五，比起理性的教育，我们更需要开发能挖掘个人最大潜力的感性教育；第六，为了我们的后代能深刻地理解文化的起源，现在要开发和延续的不是西式的，而是具有东方精神的教育方法。

在本书里为了迎合这种复合型的新观念，我提出了形、动、色、文、音五种要素的教育理念，以便读者理解多媒体设计的基础知识。以知觉现象、感知现象为出发点，以协同各要素之间的相互作用为中心，提出课题。第一章，有几何的形、抽象的形、潜在意识中的形、数式的形、自然的形等，重点放在再发掘形的创造上；第二章，重点放在对于动的分析和运用上；第三章，强调对色的理解，通过混色和配色，开发和统一使用；第四章，重点放在文字的字义和活用上；第五章，通过对声音的理解，活用造型要素中所要表现的音。

最后，希望学生通过学习和研究这五种要素的相互融合帮助他们在多媒体设计开发和创作领域发挥更大作用。

金钟琪　王斗斗

2010 年 5 月

概述

什么是多媒体设计应用——形、动、色、文、音的相互作用

《多媒体设计应用》是本人将《多媒体设计基础》一书中所提出的"理念"实际应用到真实的教学中,让学生从学习多媒体基础理论到最后成功设计出多媒体作品,以实际得到的制作数据,使学生更深层次地理解形、动、色、文、音相互作用的应用方法。这是一本能让学习者亲自体验在多媒体环境下,如何把多样化的信息加工共享和应用成为自己的知识产权,如何设计出独具个人魅力的创意性和差别性的多媒体作品的独创性教材。

多媒体设计应用教育具备原有教育方式解决不了的新特性。其原因在于:第一,原有教育方式不能满足硬件和软件技术发达的要求。最新发布已投放市场的美国苹果公司的iPhone和iPad同最初电脑登场一般,也是一次革新。因为,这意味着电脑的硬件时代已告尾声,软件时代已然开始。纵观过去的历史,文化推动了技术的进步,技术创造新的文化。第二,原有的教育方式难以发掘学生自身的潜能。因为,目前的高等教育不但不能满足全球性网络的学生需求,且吝啬于培养出时代所需要的、具有创意性的人才。

多媒体设计基础和应用教育正处于这个需要摸索符合时代的新教育方法的时期。所谓新的教育方法是以文化为基础,加上个人创意能力的教育。过去的创意能力仿佛是专属于艺术家的,而现今,它却适用于所有领域,是融合时代急需的个人能力极大化的教育。如同本书的基础篇所阐述的,多媒体设计的教育应该从研究东方的特色来寻找答案,那是因为,现在正是以文化为基础的东方思想转化为内容的时代。现代社会是人与电脑、科学与艺术、社区与Twitter网站等迥然不同的两个要素间相互作用的极为重要的时代。东方的造型把自然界的秩序和自然界的变化用阴阳、两极之间动态的相互作用来表现,这两者的协调和均衡就是东方思想的宗旨。

在已经出版的《多媒体设计基础》中,我提出了形、动、色、文、音的五大要素,在《多媒体设计应用》中又细分出了它的五种象征性,这是为了检验当今技术进步所带来的"精神退化"是否可取,历史文明遗迹中的要素在接触现代科技后是否能够创造衍生出新的文化,也是为了验证"研究新的教育方法论的必要性"和"以东方文化为印记所需的技术开发"的研讨性的。

本书将各要素分为象征、识别、设计和制作，将学生个人意识所学制作成素材，如"形"中通过重新解释圆、三角和四边的基本要素之外再加上自然的东方造型要素，抽取创意性的"形"来设计画面和界面作为练习过程；"动"中以人的五种性格类型为象征提示，重点在于把象征性的动态适用于角色，从而理解动态；"色"要重新考察东方的五色，理解色本身的象征意义和物理色彩、心理色彩之间的关系；"文"要重新考察五文，理解文字的形态和意义，不仅和"造型要素"有关，且与"文化要素"有着更紧密的关系；"音"通过五音的分析，目的在于对音的再解析和认识音作为造型要素有着何等重要的意义。本书中的内容构成和《多媒体设计基础》中所提出的五种要素的概念一致，是为了正确引导学生对东方传统思想的良好思维转换。目的是让学生通过对五种基本要素的理解，自己动手制作属于自己的创意多媒体作品，重点发挥每个学生的特长，与"形"相关的造型设计、工业设计、家居设计，与"动"相关的动画、漫画、游戏创作，与"色"相关的服装设计、化妆造型、空间色彩搭配，与"文"相关的文字创作、电影编剧、网页设计、编辑文案，与"音"相关的电影音乐、配乐合成、混音制作、后期剪辑等等。在以上五个不同的领域里都能找到与自己性格、爱好、趣味相同的学习对接点，将学生自身所具有的不为人知的潜能最大化地发挥出来，让学生用轻松和喜悦的心情投入到极具趣味性的学习中去。当学生渐渐理解了不同要素之间相互作用的特性时，便会逐渐领会优秀的多媒体作品，其重点不在于表现方法，而在于创意性和差别性。

最后我想说，形、动、色、文、音相互作用的研究在多媒体系列教材《多媒体设计基础》和本书——《多媒体设计应用》中首次提出，且在五个要素中又细化了五种象征性要素，这是为了启发学生通过"温故而能创新"，期待这种新思维的转换。我盼望能看到更多以东方思想为基础的新造型的研究，我静心期待着！在这个美丽的春天，我将所有的祝福和爱送给天使般的孩子们，更祝福东方的未来！

目录

第一章 **形**

中国北京城墙
摄影作者　王斗斗(Wang Dou Dou)
落日余晖的光影中，树木反射墙面的
形态效果

1.形的象征

从最初人们表达情感和意愿的古代壁画到运用现代电脑技术虚拟的形，"形"是随着时代的变迁而产生变化的。过去历史中留下的素描画、画家的作品、工艺品及建筑上所表现出的形之所以与现代的照片、影像、生活用品、电脑影像、立体影像等所表现的形不同，是因为"形"是随着生活环境的变化和媒体时代的变化而改变的。"形"的根源来自大自然，那些曾与大自然为伍的我们的祖先们创作出的"形"与现代所谓的文明带来的大量规格化生产的"形"相比较而言，"形"是否失去了它真正的意义呢？最近刚上映的三维电影《阿凡达》，不仅为我们带来了全新的视觉影像世界的形，更多的是通过高科技电脑技术绘制出逼真的大自然景象来批判现代社会的物质万能主义，由此更表达出一种无国界的心态。现代的人们如此渴望回归大自然。

电脑镜像再制作

（1）五种基本的形：圆形，三角形，四边形，五角形，波形

形的基本和根源大致可分为圆形、三角形、四边形、五角形、波形。圆形象征万物的复苏与生长，如宇宙、地球、月亮，又如中国佛教教义中没有菱角的圆满。三角形和圆形正好相反，它就像火与大山一样，活跃并蕴含强烈的能量，它富有攻击性，犀利并且性格分明。四边形能够调节周围的气氛，解决纷争，稳定而合理。五角形与多角形一样，都具有吸收圆形的圆满、三角形的犀利及四边形的稳定，并且吸收来自四方的气韵。波形恰似一条流畅的曲线，象征着宇宙和谐共生自然的线条，就像瀑布泉水从高处落下一样自然流畅。

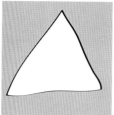

七层连阁式陶仓楼　192cm×168cm
东汉（公元25年－220年）
河南博物院馆藏

(2)形的温故创新

东方的形是以圆、三角、四边等几何形状规格化的，比起人为创造的
形，自然产生的形更具美感，是人类在和谐生活中逐渐形成的。然而，
形也是具有象征性的，把自然融入的样子作为"形"的根源，画面瞬间
便在形态协调的相互关系上赋予了意义。

饕餮纹盉 商朝（公元前1600年—公元前1064年）
河南博物院馆藏

2.形的识别

(1)形的识别

形也是人面部的一种表现。很久以前，在东方就有了以面相来判断预测一个人的现在和将来。用圆形、三角形、四边形等脸部的外形和眼睛、鼻子、嘴、耳朵的位置、形状和特征来判断一个人的性格、职业、能力。虽然西方的造型理论有别于东方的面相判断，接触方法有所差异，但是，其形的性质是相同的。前者注重外形，而后者是注重内部因素的相互关系，这就是两者的差异。"形的识别"就是把个人或企业以差别化为目的制造出来的形适用于它的设计要素。个人统一地发挥自己的特征，或者企业为了构建自己的企业文化，区别于其他企业，保持企业形象的统一性而做出的计划叫"识别计划"。"形的识别"是在使用画面和内容上（互联网、手机、游戏、家电制品、商用制品），我们要先分析它的特征再来构建自己独特的形象，以便区别于其他企业的一个计划。换句话说，"形的识别"就是以差别化为目的，把形统一地规划、展开、适用和管理。

左/右 Untapped Inc

上左/金钟琪　上右/BBC Green INC
下/Alberto Seveso

Stodir Invest Inc 左/右

(2)形的识别要素

画家在绘画时为了创作出与他人有差别的作品，他们常常会约束自己以独特的造型样式创作出一种"统一性"的作品系列，使作品体现出作者在哲学、思想、情感、意识方面的抽象化和作品特有的形态、色彩、角度、材料、表现形式等，包括多方面具体的和全方面形象的构成。使人一眼就识别出作者是谁。形的识别要素有五个：第一，要有独立性、个性和独特的差别性。第二，画面传达的造型要素之间的形象要有统一性。第三，要有快速判断信息的判断性和快速理解的可读性。第四，要有创意和独创的造型性。第五，整体形象的流动要简洁而单纯。

图片来源于www.softfacade.com

图片来源于www.84Colors.com

(3)个人识别

近年来，信息技术的发展非常迅速，为了研究如何能给使用者带来方便和快捷的信息，个人识别系统的硬件和软件也在个性需求方面有了更多样化的发展。多媒体时代最重要的应该是个人的个性和风格。计算机网络通过扩大个人和团体的能力，将不同的个人组成为全球网络，这也造成了个人信息的大量丢失。在虚拟的网络中人人都可能成为一个英雄，都可虚拟成与众不同的人对外代表自己，包括虚拟他的声音、语速的节奏、妆容、服饰、舞蹈等来创建自己的风格，也可将个人的智慧和敏感性拿来分析，以区分各自的特点和与他人的一致性。由此，个人的识别系统也日益受到人们的关注。

图片来源于www.pierrechoiniere.com

练习主题

运用五种基本的形做关于"形"的识别。

练习目的

重新考察"形"的根源，使用现代诠释的方
法和自己对"形"的理解对其意义进行再分
析，在此基础上练习"形"的创新。

练习提示

在五种基本形：圆形、三角形、四边形、五角
形（多角形）、波形中，选择其一做"形"的
识别计划。

五种基本的形不仅仅意味着几何学的图
形，更意味着一种文化图像的轮廓。形的
表现大家可以在日常熟悉的图形、照片、插
图、2D、3D中任选其一，要注意的是，三个
画面要统一。

练习步骤

因为五种基本形表现了形的象征性意味，所
以，被选的形也需要再解释这个意味。

练习数量

横 800pixel 竖 500pixel 画面 6张
主画面 1张
副画面 5张

建议课时 4课时

使用软件 Illustrator,Photoshop

Tips

以苹果为主题而设计时要对苹果展开分析：形态、意味、关于苹果的故事等可以用单词来抽取。例如用圆、红、爱、女人、纯洁等单词来抽取，即用这五个单词的共同点"爱为主题"做识别计划。"形的识别"就是以苹果具体的形态（图形、实事、2D、3D）和抽象形态（故事、事件、心理因素、爱）为素材，适用时保持统一性。电脑里面，必要时可以随时使用。因为是相同的面积和数量，会使图片差别不大，但是如果选择自己偏爱的颜色，整体上，图片色彩感觉会有很大的差别。

3.形的设计

(1)画面设计

画面所传达的信息在屏幕上看起来像脸。凭借我们生活的能力和直接经验可以想象，作为第一个屏幕，第一印象视觉沟通将决定未来的信息内容。我们可根据屏幕的类型、几何形状、文物、图表、照片和内容的性质选择合适的画面类型。按照屏幕的设计与给定的内容类型计划屏幕上的内容应配合感官设计。设计封面也有固定的标准（观察是否可以有效地传递信息），使用空间的划分和尺寸也是重要的。画面空间区分取决于信息，也要考虑如何准确提供信息资料给买家，因此必须谨慎屏幕设计的易读性，主画面的设计方案也要考虑背景画面的设计应用，根据实际设计类型，识别统一适用是非常必要的。

(2)画面的设计要素

① 设计规划应适合自己类型的创意。

② 首先了解设计内容的性质，再给予相应的配置。

③ 应照顾到用户，设计容易理解的内容。

④ 应充分利用（布局）镶嵌。

⑤ 照片和图表应列入感官元素。

图片来源于www.garygo.com

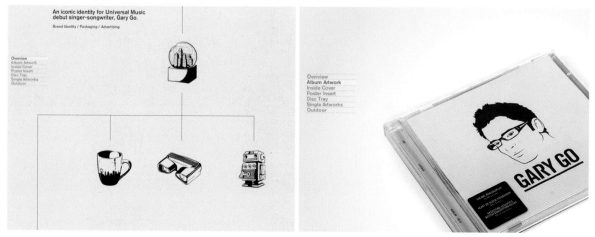

使用照片的界面

使用图形的界面

图片来源于Imakemycase.case-mate.com

练习主题

根据"形"的识别设计画面。

练习目的

"形"的识别练习通过一组指定的画面来设计，以保持画面的统一性。

练习提示

在指定画面中，根据设定形的识别制作"形"。"形"的表现可以是自己熟悉的图形、照片、插图、2D、3D中任选其一，把所选的"形"作为素材制作成图像，还需要考虑把图像的统一性适用于三个画面。

练习步骤

画面的设计要简单不能复杂，要考虑到观者的感受。

练习数量

横800pixel 竖500pixel 画面3张

主画面 1张

副画面 2张

建议课时 4课时

使用软件 Illustrator.Photoshop

Tips

设计画面时要简单，画面中简单的形表现出多样的变化过程，有助于画面的一贯性。需使用黑白明暗来表现，所以重点是构图。

左图中的多媒体作品是运用水墨画和书法效果制作的画面设计。在主画面中运用了三维制作的动画，表现了人手握着鼠标在画面移动，鱼儿也跟着鼠标来回游走的有趣互动。

右图中的多媒体作品也是运用水墨画技法，并有效结合了插图和水墨画的画面设计。当打开进入另一界面时，画面上方的五个按钮就是一个代替文字用形、动、色、文、音的插图来表现的。

(3)界面设计

"点击"是指两个生成的面碰撞而产生了其他物质，比如两种类型的信息相互作用在一个不同的虚拟世界。就像计算机和人类的互动必须要借助软件和硬件将多媒体信息的两端连接设计到一个屏幕上，再通过鼠标点击所需的图像图标，显示出另一个人与计算机连接点击（硬件）的一种互动关系。在界面设计中最重要的是图形用户界面设计。GUI设计，用户可以轻松地识别，易于理解，并且可以很容易操作，也是为了用户设计的。因此我们有了不断创新原始设计的需求，如果用户不满意，那么，这样的界面设计就不能称为人性化的设计，所以我们也要根据不同类型需求的人群来设计。标识的设计也要运用统一的设计要素。

界面的设计要素

① 类型标识的图标应该是具有计划性和选择性的。

② 图标的内容应遵守具有方便识别的功能的原则。

③ 用户使用的界面，应该是一个方便和友好的界面。

④ 让使用者感觉界面很容易上手。

⑤ 没有点击布局的复杂性，必须简单。

图片来源于www.apple.com

使用图形的界面

使用照片的界面

使用矢量图的界面

使用3D图形的界面

图片来源于www.topbots.com

练习主题

关于"形"的识别的界面设计。

练习目的

使用简单的"形"做界面的制作练习。

练习提示

根据画面设定"形"的识别制作界面。界面的表现可以是你生活中熟知的图形、照片、插图、2D、3D中任选其一，以信息为内容的素材制作图像还需要把图像的统一性适用于三个画面。

练习步骤

界面的设计要简单不能复杂，形态的制作重点在于是否和自己想要表达的信息内容相符。

练习数量

横800pixel 竖500pixel 画面3张

主画面 1张

副画面 2张

建议课时 4课时

使用软件 Illustrator,Photoshop

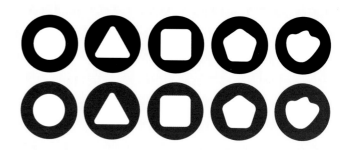

Tips

界面多样化的表现可以使用自己喜欢的图形、照片、插图、2D、3D等等，界面的形是以信息的内容来表现"形"的。

左侧中的多媒体作品是运用了前面我们所学的五种基本的形中形、动、色、文、音的圆形、三角形、四边形、五角形、波形为界面，以圆形做衬底，结合图形和文字，突出地表现了按钮的一种设计。

右侧中的多媒体作品是以蝴蝶为素材，同时运用了五个基本的色即青、红、黄、白、黑的界面设计。在蝴蝶的外形中插入了文字更提高了界面的可读性。

4.以形为重点制作的相互作用

以形为重点的相互作用是：在形、动、色、文、音的协调基础上更重点强调了制作"形"的内容，各要素不仅有各自的特征而且能突出表现其他要素，更是为了突出表现"形"的性格要素。相互作用意味着相似、相反的协调关系，相互作用的制作根据创作者本人所富有的创意思考、所具备的哲学修养和文学背景的不同，其设计制作的方法表现也会有所不同。即便如此，也要有计划地按照个人意愿制作差别化素材的战略，以此突出以形为重点的内容。

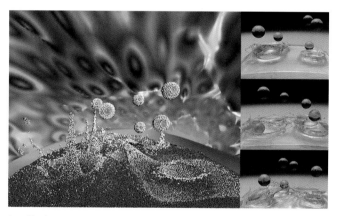

河口洋一郎 (Yoichiro Kawaguchi)
Hydrodynamics Ocean/Installation/Japan

图片来源于www.redbullsoapboxracer.com

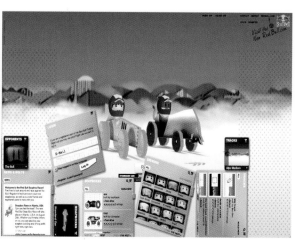

练习主题

以"形"为重点做相互作用的制作。

练习目的

利用电脑制作的数据和自己掌握的形的数据反复练习，再将理解到的多媒体形态数据加以活用，练习以"形"为重点的多媒体设计的制作。

练习提示

上学期根据"形"的识别制作了以"形"为素材（形的要素、形的知觉、潜意识的形、修饰的形、自然的形、形的相互作用），以"形"为重点的多媒体设计的制作。

练习步骤

以"形"的识别计划为基础，以形为重点的形、动、色、文、音的相互作用适用于制作的多媒体设计。

练习数量

横800pixel 竖600pixel 画面7张

建议课时 8课时

使用软件 Illustrator,Photoshop

Tips

多媒体设计的重要性不在于电脑技术是否高超，而是人与人之间更深层的艺术思维的沟通。通过形、动、色、文、音的相互作用，将需要传达的信息通过"识别计划"传达明确，比起仅仅为了信息的提供，我认为我们更要考虑具有美感交流的制作，使观者从内心就有愉悦感、认同感！

形的要素
形的知觉
潜在意识的形
数式的形
自然的形
形的相互作用

形的要素
形的知觉
潜在意识的形
数式的形
自然的形
形的相互作用

形的要素
形的知觉
潜在意识的形
数式的形
自然的形
形的相互作用

形的要素
形的知觉
潜在意识的形
数式的形
自然的形
形的相互作用

形的要素
形的知觉
潜在意识的形
数式的形
自然的形
形的相互作用

形的要素
形的知觉
潜在意识的形
数式的形
自然的形
形的相互作用

第二章 动

中国宜兴紫砂茶宠
摄影作者　王斗斗 (Wang Dou Dou)
将民间古老的传说赋予动物蟾蜍身
上，更有一种神秘感

1.动的象征

在没有生命力的单纯的"形"上赋予一种"动"，观者就会跟着"动"
的变化而悲伤或者喜悦。在电影诞生之前，人们是看着皮影戏、木偶戏
来感受喜怒哀乐的，从无声电影时代看着卓别林的动，会哭，也会笑。
这是因为每一个"动"都被赋予了特别的性格。动的本质是记录人间历
史和人们生活中的样子。一般大众是通过记录的影像看历史痕迹和人生
的喜怒哀乐，感受自己成为主人公的心理满足，这样的动的本质不知道
从什么时候开始消失了，紧接着是暴力、夸张、破坏、颓败掌握了我们
周边的所有视线。最近，所有的多媒体影像基本通过电脑去表现影像，
不仅是在现实生活，在虚拟的网络世界也成为可能了。

电脑镜像再制作

(1) 五种基本的动：主动, 煽动, 行动, 生动, 感动

动的根源分为主动，煽动，行动，生动，感动。我们根源性地把动的意义再考察的话，"主动"就像万物的苏醒和成长那样，是一种清纯而干净的动。就像廉洁的管理者、神职人员、教育者都很大义凛然，象征着人们一种认同感的"主人公"的动。"煽动"是与"主动"有对比性的趋向性的动，象征着水火不分，有攻击性，性格比较特别，很固执的动，具有贬义的词性。"行动"是象征着解决四方的纷争，和谐起来，解决问题的合理的动。"生动"是象征着主题的动，是矛盾的动、自然的动、好奇的动、向内部吸收四方的动、使外部具有活力的动。"感动"是象征着像曲线一样的柔美，像高山的瀑布向低处流淌一样那么顺利而柔和，看大自然的一种宽广使人心更向往自由的一种感动。

唐三彩武士俑　唐代（公元618年-907年）
河南博物院馆藏

(2)动的温故创新

东方所描述的"动"是人类顺应自然生活的多样的动，像以往历史性的痕迹所描述记录的那样，"动"的故事有时是善的，有时是恶的，人们一起相互生活的样子可以是恶，也可以是善，这样多样化的"动"描述了人们通过"动"让不同性格的多样的人和谐地生活在一起，研究史料记载人们在社会相互关系上的"动"时大多都给予了良好的意义。这种生动的记录留给后人的何止是一种人类生活的依据，更是无法估量的文化财富。

上/砖雕俑群 元代（公元1271年—1368年）
河南博物院馆藏
下/彩绘仆待陶俑群 金代（公元1115年—1234年）
河南博物院馆藏

2.动的识别

(1) 动的识别

动是人类性格的表现，就像第一次看一个人的时候，通过那个人的"动"
就可以判断出来他是性子急的人、温柔的人、随和的人、有趣的人或是平
凡的人等，通过"动"来判断那个人的性格或者人品。"动"中应该有情
节跟着剧情，以表情、习惯、走路等赋予性格。通过画面信息传递的动里
有角色的动和画面的动。角色的动要引起使用者的好感，画面的动应该
要从策划最初阶段开始考虑动的要素，通过背景的动顾及到如何让使用者
轻松去看的环境。像这样有意图的恰当的"动"是为了赋予对象性格、哲
学、思想、感情、意识而计划的，即"动意识别"。以差别化为目的的动
要有统一性的计划，可延展、适用到后期的管理工作。

图片来源于www.gamezebo.com

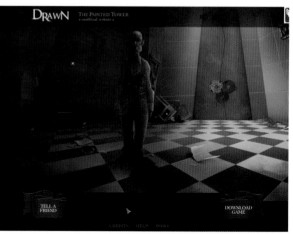

学生作品

图片来源于www.les-meningo.fr

(2)动的识别要素

最近的信息传达方式主要表现在：为了在大量的信息中选择自己需要的信息，相比较以往"静止"的方式人们更偏爱于"动"的方式。在电影或连续剧中，适当的演员性格和动作左右着这个故事的成功和失败。游戏或动画故事中适合角色的性格和"动"同样也左右着游戏设计的成败。单纯的画面也为使用者赋予恰当的"动的要素"显得更为"生动"。动的识别要素：第一，在个体的"动"中赋予它性格，使形象的个性差别化。第二，画面、界面和角色间的动的形象要有统一性。第三，设计有助于判断信息的有趣的"动"。第四，角色设计创意应具有一种独创魅力的动。第五，动要简洁而单纯，尽量不要复杂化，要符合剧情的完整性。

图片来源于www.gorillazgroove.com

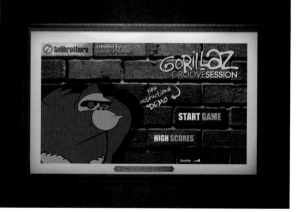

学生作品

图片来源于www.jbaudy.fr

形
动
色
文
音

练习主题

运用象征意义的"五动"练习动的识别。

练习目的

重新考察"动"的根源，把"动"的意义通过现代技术的诠释，结合自己的理解创新出新的"动"的练习。

练习提示

理解主动、煽动、行动、生动、感动这五种"动"，选择其中一个进行"动"的识别计划。"五动"不仅包括词语本身的意义，还具有抽象的定义。"动"的表现方式可以选择你生活中熟悉的图形、照片、插图、2D、3D中的任何一种，怎样让它们有感情地动起来，要注意的是，三个画面要统一。

练习步骤

五动是表现"动"的象征意义的，所以我们有必要把"动"的含义以图片的形式重新设计解释出来。

练习数量

横800pixel 竖500pixel 画面6张

主画面 1张

副画面 5张

建议课时 4课时

使用软件 Illustrator

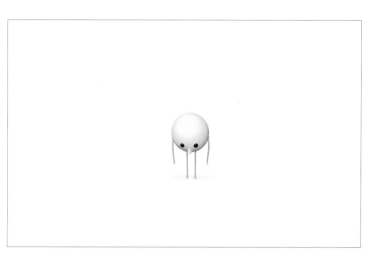

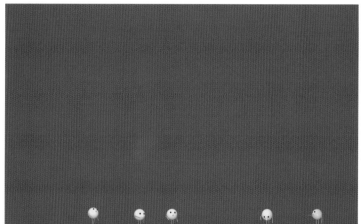

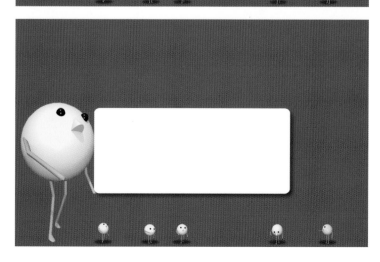

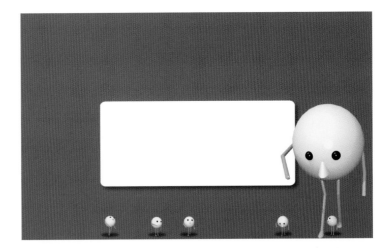

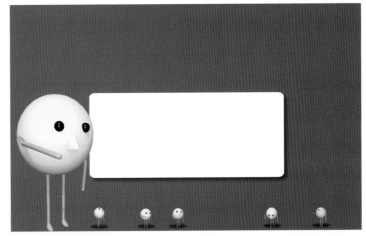

Tips

设计以苹果为主题的作品时，先对苹果进行分析。经过分析可以抽取出形态、意义、关于苹果的故事等几个词语。例如，可以抽取出圆、红、爱情、女人、纯洁等几个词语，然后以五个词语的共同点（爱情）为主题进行识别策划。"动的识别"就是让爱情故事里出现的"人物性格"在背景画面上展现他们各种各样的"动"，再把这两者作为素材，统一地设计适用到"动"的剧情上。

3.动的设计

(1)角色的动

"角色"是一个在电影、连续剧里出现的现实的演员，另一个说法是为了指定的目标，在人为制作的形态上赋予名字、性格、动作、声音、外形等特征、视觉上所表现的虚拟演员。后者在角色形态上可以是符号或者字体、几何的图形、植物、动物、单纯化的人类、事实性的人类等。角色的作用是为了漫画、动漫、游戏等产业性的目的而使用的。也是企业或者团体、商品、网页为了有效地传达意图，使用了视觉性的表现物。就像我们随着电影里的演员而动，感受着剧情中人物的喜怒哀乐似的，是通过角色传授一种感情，所以，如何让一个平凡的东西动起来，是很重要的思考要素。

角色设计的要素

① 先根据自己制订的识别计划选择角色的形态。

② 可以把角色拟人化为人类的动作、性格、感情等。

③ 赋予角色动作，可以在视觉上感受与人类情感相同的超现实的特性。

④ 角色形态的夸张、歪曲，要有单纯化和差别化。

⑤ 角色的动作要有亲近感和个性。

图片来源于www.9thbirthdaysale.com.au

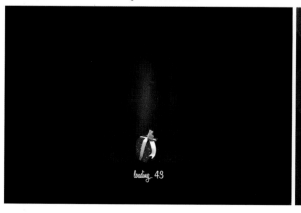

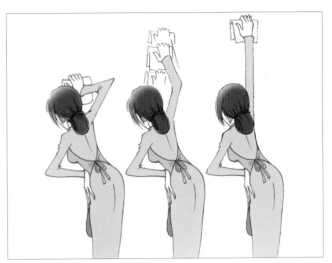

学生作品

Funk Animation Inc

Zio Interactive Inc左/右

练习主题

根据"动"的识别进行"画面"和"界
面"的动态设计。

练习目的

从"动"的识别中选择"动"的形
象，通过在画面上的动态变化，表现
角色"动"的性格的练习。

练习提示

根据在已有画面上设置好的"动"
的识别，设计表现符合其含义的界
面和画面。动态的表现方式可以
选择你自己喜欢的图形、照片、插
图、2D、3D中的任何一种，以选择
好的形态为素材制作形象，要注意的
是，三个画面的设计要统一。

练习步骤

运用动态要素，设计"画面"和"界
面"。动作要简单易懂，尽量让观看的
人感觉到生动，从而容易理解角色本
身。

练习数量

横800pixel 竖500pixel 画面3张

主画面 1张

副画面 2张

建议课时 4课时

使用软件 Illustrator,Photoshop

Tips

画面和界面的动要设计得
简单易懂，界面设计最好
是赋予它相关信息内容的
动态变化，以保持画面的
统一性。

左侧中的多媒体作品是一个拟人化的小鸡角色，由于表情的变化和脚的动作无法多样化，所以在表现小鸡的性格上就存在局限性。

右侧中的多媒体作品是漫画类型小女孩的角色，表情虽然表现较丰富，但是没有完成实际动作，所以难以表现这个小女孩的性格。

(2)画面与界面的动

作为视觉性的信息传达方式，我们最初使用纸作为画面。代表性的纸面为报纸，在规定规格中记录信息，依据信息的重要性调整标题的位置与字体的大小，使观者快速查找、确认想要的信息。最近美国的Apple推出了替代纸面为电脑画面的iPad。从最初的电脑画面上使用图标替换了电脑适用的一贯环境，再把"纸面"代替为"能动的液晶画面"进而也替换了资讯的使用环境。现实告诉我们，这的确是一个革命性的事件，"硬件时代"终结的同时"软件时代"已然到来，任何信息随时都可以转化为资讯，传遍世界各地。虽然谁都可以成为资讯的制作者，但是终将无法摆脱纸面的设想！那么，真正意义上的多媒体时代只有通过液晶画面才能传达信息吗？这个问题要留给基于资讯时代的你们和未来的新生力量，用你们的智慧和奇思妙想去启示多媒体的未来。

动的设计要素

① 依据自己制订的识别计划赋予画面和界面一种动。
② 为了更容易理解资讯的内容，界面设计要做好引导的作用。
③ "动"的设计要具有亲近感，有联想性。
④ 为了更容易认知，设计时要考虑观看者的视觉舒适感受。
⑤ 界面的动要简洁而单纯，适合角色，符合剧情。

图片来源于www.fatffreddydrop.tv

学生作品

不同形态的卡通图标

Little Guy Games Inc/Meridan Digital Inc/Harmonix Music Systems Inc 左/中/右

 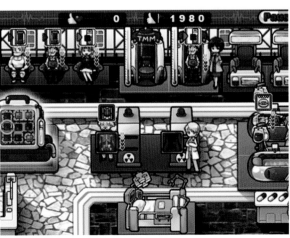 

练习主题

根据动的识别，进行画面设计。

练习目的

在简单的形上面赋予性格以后，设计角色的动态制作练习。

练习提示

从圆形、三角形、四边形、五角形、波形当中选择自己喜欢的角色的形，再根据"动的识别"去选择"动的性格"，最后适用到角色上，制作其连续的动作。要求一个画面上至少有5个连贯动作。

练习步骤

动作设计尽量表现得通俗易懂，有简单明了的剧情，让人知道你要表现的中心思想是什么。

练习数量

横800pixel 竖500pixel 画面3张

主画面 1张

副画面 2张

建议课时 4课时

使用软件 Illustrator

Tips

画面和界面的动要简单，界面最好是赋予它有关信息内容的动态变化，要保持画面的统一性。

左侧的多媒体作品是运用晾衣绳和告示板完成画面总体设计的，"动"的设计表现通过晾衣绳上面衣物的文字和下面画板上的内容来表现的。

右侧的多媒体作品是运用一个人物小角色和动物小鸡完成画面设计的，"动"的表现是通过界面上5只小鸡来体现的。

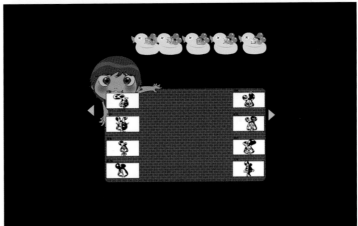

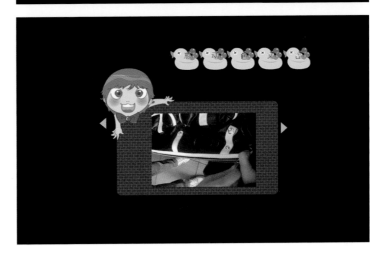

4.互动

(1)HCI

(Human Computer Interface / Human Computer Interaction)

HCI是以人类的认知特性（认知科学）和人类物理特性（人体工学）为基础的使用者中心的系统，使用方便的Interface，Interaction是研究的区域。使用者中心的系统意味着"人们用着容易、安全、功能性强、使用环境有感觉"，就是说，使用者可以很容易、很方便地使用电脑，为电脑和使用者之间的沟通和协调而制作硬件和软件的环境。

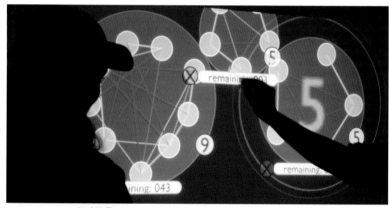

2007 SIGGRAPH 互动场景

左/右 Thunder Game Works

(2)互动

查询信息的一般行为是在Window(画面)上表现的,通过鼠标、触摸屏来形成传感器或硬件分界面。使用者在搜索信息的过程中发生的行动,在网上使用者点击信息来进入另一个画面的过程等称为互动。通过手机的触摸屏形成的一连串的询问过程称为互动。最近电脑的使用环境,依据新的硬件和软件的开发,逐渐发展成刺激使用者感性方向的发展,使互动的重要性逐渐扩大。

互动的设计要素

① 将开发识别的计划方法体现在互动设计上。

② 如何开发一种用心与机器沟通的相互作用的技术。

③ 互动设计要给使用者方便和亲近感。

④ 互动设计要有被大众认知的理解度,也要考虑残障人士的使用。

⑤ 互动方法要简洁而单纯,画面设计要直接可以进入所需界面。

图片来源于www.recordtripping.com

5.以动为重点制作的相互作用

以动为重点的相互作用是：在形、动、色、文、音的协调基础上强调"动"的
内容，各要素之间不仅有各自的特征，而且能够突出表现其他要素，更是为
了在突出表现"动"的性格要素时使用。相互作用意味着相似、相反的
协调关系，相互作用的制作会因为创作者本人所富有的创意思考、所具
备的哲学修养和文学背景不同，其设计制作的方法表现也会有所不同，
即使如此，还是要制订个人计划以及考虑对方意愿取向的制作计划，要
具备有差别化素材的战略意识。

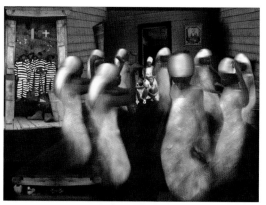

Philip Mallory Jones
In the sweat Bye & Bye SL/Interactive/USA

图片来源于www.nike.com

练习主题

以动为重点的相互作用的制作。

练习目的

通过运用计算机的数据和已制作的数据反复练习，理解数据的制作过程、共享、应用、交流等多媒体作品制作环节，以动为重点设计制作练习。

练习提示

运用上学期制作的动的素材（动的要素、动的知觉、虚拟的动、物理现象的动、动的相互作用），根据动的识别，制作以动为重点的多媒体设计作品。

练习步骤

制作以动的识别计划为基础，以动为重点而适用的形、动、色、文、音的相互作用的多媒体设计作品。

练习数量

横800pixel 竖600pixel 画面7张

建议课时 4课时

使用软件 Illustrator.Photoshop

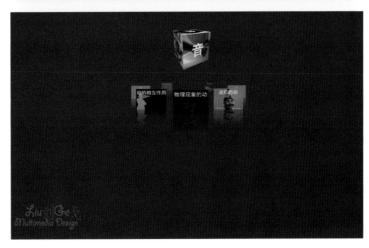

Tips

对多媒体制作来说，人和人之间的沟通往往比计算机技术更为重要。多媒体作品制作时，要通过形、动、色、文、音的相互作用，根据识别计划明确传达信息，以良好的沟通为基础的制作比信息的提供更为重要。多方面运用动的特征的识别计划是关键所在。

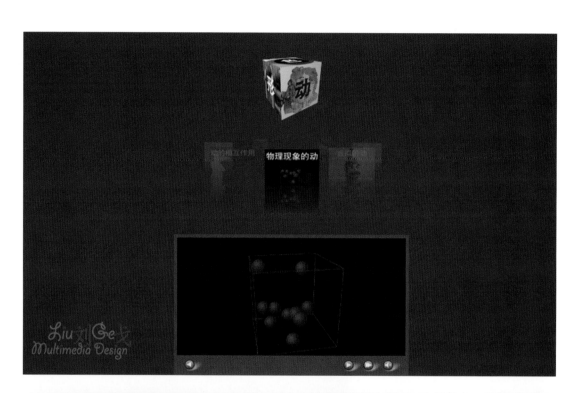

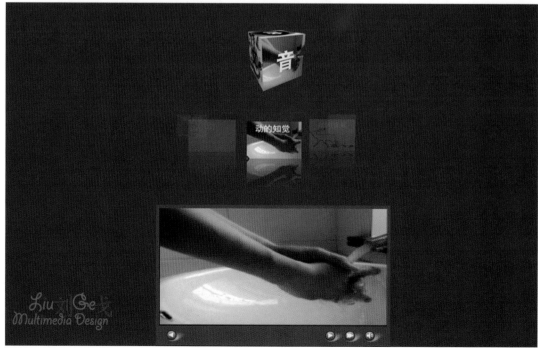

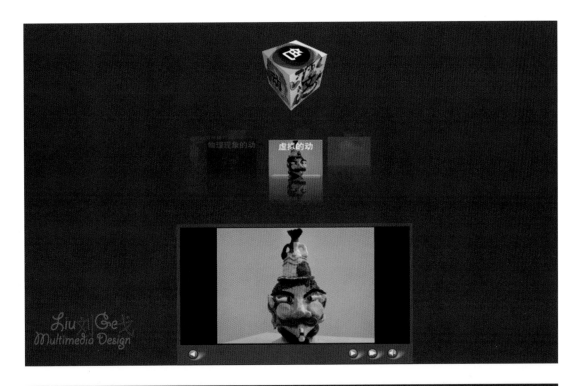

色

民间手工五彩织绣
中国清代官服的标志用颜色和图案区分官
位级别

1.色的象征

与光共存的"色彩"在表达人类的心理、艺术感性等方面有很多变化。
从把红、蓝、黄三种基本颜料混合使用的最初到如今已发展到可以使用
165000种的数字化色彩。由于色彩本身很敏感，因此，不同的国家和民
族对颜色的偏爱也不一样。同样的红色也根据气候和光感、自然环境的
变化而不同。虽然颜色的种类如此丰富，但是能被很多人记住并喜欢的
典型颜色最多也不超过200种，计算机中规定为标准网页色的216种颜色
也是可以在电脑显示屏上明确表现的，但是实际我们能使用的颜色也只
是其中一部分。人类是以大自然的颜色为中心决定审美标准的颜色，也
是作为给人类生活以活力为目的所必需的。但是由于人们不经意地误用
颜色，从而导致了不必要的视觉上的公害，破坏了大自然的美。

电脑镜像再制作

(1)五种基本的色：青色，红色，黄色，白色，黑色

如果把"色"的根源分为青色、红色、黄色、白色、黑色，重新考察色的根本含义："青色"象征万物苏醒与成长，年轻时的梦想，思维活跃有青春的气魄，是从冬天的长眠中醒过来告知春天的颜色，也是飞向天空生长的大树的颜色。"红色"象征太阳活跃的运转，像火一样燃烧的能量运动，快速的血液循环，太阳和血液的红色象征着热情，是夏天的颜色。"黄色"代表和谐与安定，像泥土一样稳重而带有包涵性，味道香甜，像是熟了的粮食一样丰饶的金黄色，象征着帝王，代表着收获，是秋天的颜色。"白色"代表万物的能量活动停止之前的清新、纯粹、寂静、单纯，象征着梦想和愿望，有一种不表露的安静，像寂静的冬天一般。"黑色"代表万物的能量活动的停止，黑暗和死亡，恐怖和畏惧，象征着神秘和夜晚。

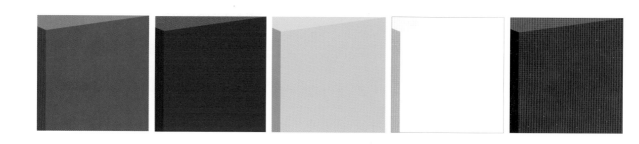

中国民间手工刺绣女性
传统用服装的一种肚兜

(2)色的温故创新

在东方人眼中，习惯把"色彩"看作是一种"光"的变化原理的体现。运用光的变化分别以黑、白两色表现"太极"，运用"光的阴阳"表现"黑白的太极"，以"物质的阴阳"表现红、蓝"两色的太极"，运用根据旋转原理的黄土色表现红、蓝、黄"三色的太极"。比如京剧是中国的国粹，是中国戏曲中最大的剧种，集合各剧精华，脸谱完善，谱式繁多，蔚为大观。京剧各行当演员经过化妆，由固定的脸谱色彩有效地表现出人物的品貌、身份、性格。脸谱使人可以目视外表，窥其心胸，具有"寓褒贬"、"别善恶"的艺术功能。而且，东方色彩又以象征性的意义来被广泛使用，色彩的另一种意义也是在于大自然和人类生活环境的和谐共生的相互关系。

中国传统丝的染织色
来自植物和矿物质的染色

2.色的识别

(1)色的识别

"色"是人类衣着的表现。参加某项活动时，根据活动的性质，选择既显眼又适合场合的服装。根据选择不同的服装色彩，人们的形象可分为：艳丽的、温和的、优雅的、老土的、不流行的。历史剧中的葬礼往往是以白色为主调布置，如衣着、道具、纸钱、建筑物等。在中国传统的结婚仪式上，所有的布置都是红色的，这就是典型的色的识别，根据活动的性质，选择不同的颜色。色的识别是一种追求美，正确使用色彩的策划。最近在信息泛滥的时代里，使用不当的颜色，从而丧失了色的本质——"美"，由于只强调明视性，从而导致视觉上的混乱。色的识别就是防止这样的人文意识混乱，根据主题而定的配色计划要以差别化为目的，从而做到统一的设计、展开、适用、管理的工作。

左/右 Mavedu Inc

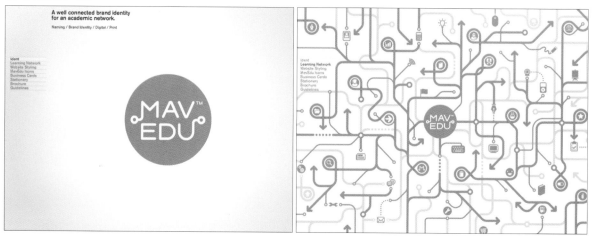

上/Pawel Jonca/Illustrator/Poland

Mavedu Inc 左/右

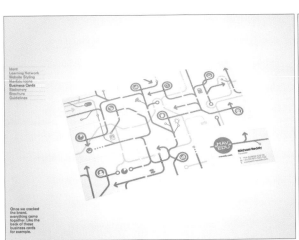

(2)色的识别要素

"色"的识别与形态、动态识别一样，都对现代生活起着很重要的作用。绘画艺术作品、服装、灯光、舞台空间、商业空间、生活空间、城市空间、电脑制作的虚拟空间等都离不开色彩。但是，由于产业化大量生产过程中误用色彩，从而引起城市空间和信息空间中新的"视觉公害"。如上所述，为了某种目的而策划协调的配色，色彩的正确使用，色彩的统一性，这就是色彩的识别。色的识别要素有：第一，配色要有个性，而且是独创的，要有差别化。第二，画面配色和造型要素之间的色彩要有统一性。第三，视觉感中要容易判断信息所赋予的色彩的易读性。第四，色彩的协调要创意出新，一定要是独创的。第五，配色要简单易懂，符合主题意图。

图片来源于www.promo.prius.ru

上/Topmates Inc

图片来源于 H4 Design Lab

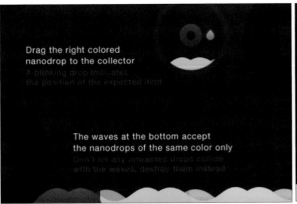

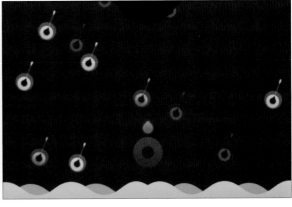

练习主题

运用五种基本的色，进行色的识别。

练习目的

重新考察色的根源，把色的意义通过现代化的解释，创新出新的色彩的练习。

练习提示

运用青、红、黄、白、黑五种颜色，策划色的识别。五色不单有具体的名称，还具有象征意义。设计要求不要超过五种基本色，色的表现方式可选择图形、照片、插图中的任何一种，也可以将五个色系对比着练习，要注意的是三个画面要统一。

练习步骤

五色是表现色的象征意义的，所以在练习时有必要重新解释五色的含义。

主色可在五种基本色中任选一种，辅助色可选择与主色相协调的其他颜色。

练习数量

横800pixel 竖500pixel 画面6张

主画面 1张

副画面 5张

建议课时 4课时

使用软件 llustrator,Photoshop

Tips

设计苹果为主题的作品时，先对苹果进行分析。经过分析可以抽取出形态、意义、关于苹果的故事等几个词语。例如：可以抽取出圆、红、爱情、女人、纯洁等几个词语，然后以这几个词语的共同点（爱情）为主题进行识别策划。"色"的识别：就是把苹果比喻成爱情故事的内容（喜怒哀乐），以"色"的心理效应为素材，再统一地适用到主题色上。

3.色的设计

(1)画面的色彩

画面的配色如同脸部化妆。影视演员拍戏时、模特参加服装秀时，都需要化妆。影视演员化妆是因为演员需要一种适合电影剧本内容的表情。根据化妆的不同配色，剧中人物可以刻画成强悍的、温和的、凶恶的、善良的等多种角色。画面也如此，根据色的识别计划，同样的构图也可出现完全不同的画面。根据配色的不同，人们对颜色会产生不同的印象，这是因为颜色与心理效应有关。一般认为红色配色代表强烈、热情，青色代表冷漠、进取，这是因为人们受常识的影响对颜色有种自古以来的偏见。所以，配色应该通过识别计划，明确传达配色意图，努力做好既漂亮又不给人以视觉冲击的设计配色。

色的设计要素

① 设计一个适合主题意图的"色的识别"计划。

② 配色时，要把握好已有的内容的特征，协调色彩的相互关系。

③ 配色时，要让用户便于理解内容。

④ 运用亮度的配色时，要考虑空余空间部分。

⑤ 要做到有感觉的协调的配色，让观者有赏心悦目的感觉。

图片来源于Albertusswanepoel.com

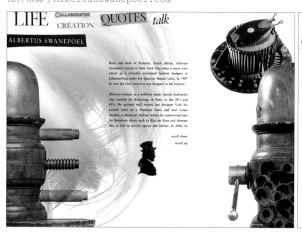

上/Septime Creation Inc /Restrang Maisse

图片来源于Speak Visual Inc

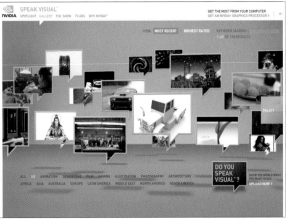

练习主题

根据色的识别，进行画面配色。

练习目的

从色的识别中选择色彩，通过色彩的一贯性的训练，进行画面配色的练习。

练习提示

根据在已有画面上设置好的色的识别，进行配色。在色彩上把主色和辅助色区分开来，为了表现色彩而使用的形，我们可以选择我们熟悉的图形、照片、插图、2D、3D中的任何一种，以选择好的形态为素材进行配色，要注意的是，三个画面要统一。

练习步骤

画面配色要简单易懂，要尽量让观看的人有视觉上的舒适感。有创意的配色设计是指主色和辅助色相搭配具有完美的协调性。

练习数量

横800pixel 竖500pixel 画面3张

主画面 1张

副画面 2张

建议课时 4课时

使用软件 Illustrator,Photoshop

Tips

画面的配色要简单，设定"主色"和"辅助色"，主色要考虑"明视性"，辅助色要选择突出主色的颜色，让画面保持统一性非常重要。

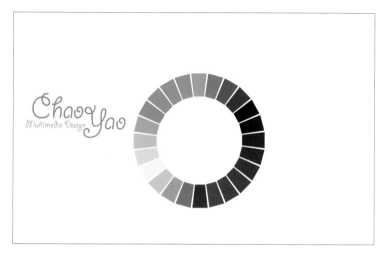

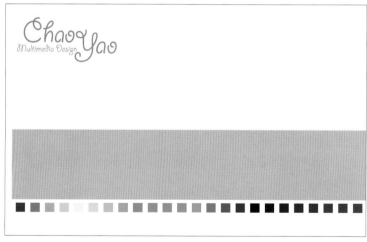

左侧的多媒体作品是运用色相环进行画面设计的，每个画面都可以用色相环进行选择，用鼠标选择色相环的某一个色块后色相环可以水平平铺，随即画面显示主题内容且会按照鼠标的移动而变化画面色彩设计。

右侧的多媒体作品是运用中国传统的茶具造型并结合现代的柔和色彩完成画面设计的。只用了茶壶这一项单纯的元素完成了画面设计。虽然很好地用五色区分了茶壶在画面上的应用，但还是不免有单调、无新意感。

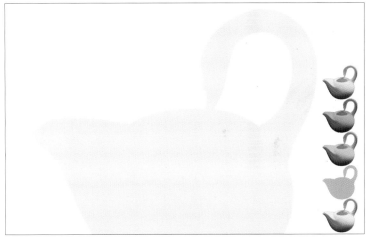

(2)界面的色彩

界面如同戴在身上的首饰。适合脸部特征的首饰会让脸部表情看起来更加优雅，相反会破坏整体形象。界面中的色彩可直接影响到将来的信息检索查询，因此要设计出与画面协调、突出界面的色彩要素。为了强调界面的颜色而不管画面背景的颜色，或把界面的颜色换成鲜艳的对比色，这就像戴上了不搭配的首饰一样。相反画面的颜色比界面的颜色更鲜艳，画面和界面的亮度也相似，从而不好区分界面的位置，这种情况也不提倡。界面的颜色应与画面的颜色相协调，要易认读、易理解、易操作。

界面色的设计要素

① 根据色的识别计划，对界面的颜色进行配色。

② 以画面和界面相互协调为目的进行配色。

③ 选择一种给人以亲近感的色彩。

④ 要有一种让人们容易认读界面的感觉。

⑤ 画面中界面的布置要简单易懂。

图片来源于SC Landsand Inc

上/redvelvetart.com 下/Crea Studio

图片来源于North Kingdom Inc

练习主题

根据色的识别，进行界面配色。

练习目的

利用简单的形，对界面进行配色练习。

练习提示

根据在已有画面上设置好的形的识别制作界面。由于界面的配色与背景画面有密切的关系，所以配色需要容易辨认。界面的形可以选择你自己喜欢的图形、照片、插图、2D、3D中的任何一种，要注意的是三个画面要统一。

练习步骤

为了突出"界面"我们要使用与画面相反的颜色，此时要注意避免太刺激视觉，选择既协调又漂亮的配色，易于被大众接受。

练习数量

横800pixel 竖500pixel 画面3张

主画面 1张

副画面 2张

建议课时 4课时

使用软件 Illustrator,Photoshop

Tips

界面的配色设计要做到与画面相协调。界面的形要选择与色相关的可以突出"色"的形。

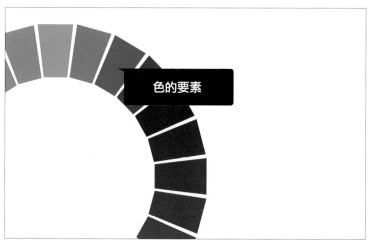

色的要素

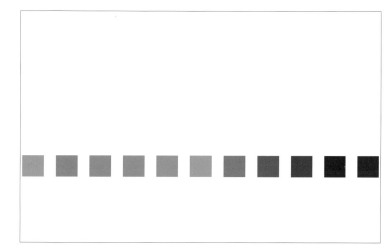

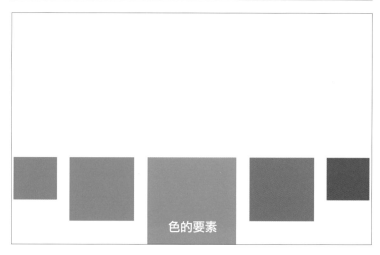

色的要素

左侧的多媒体作品是色相环充当界面作用，鼠标移到色相环上面任意色块，则作品的主题以文字显示，这大大提高了界面的可读性。按照鼠标的移动，界面也可以左右移动。

右侧的多媒体作品使用了中国传统的茶壶，运用茶壶的立体大小缩放形态，加以图形、文字和色彩进行的界面设计。

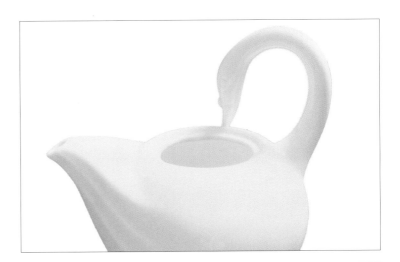

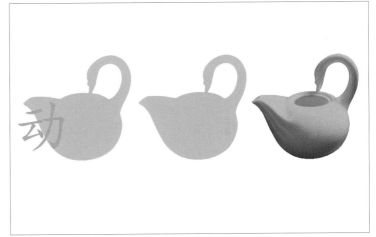

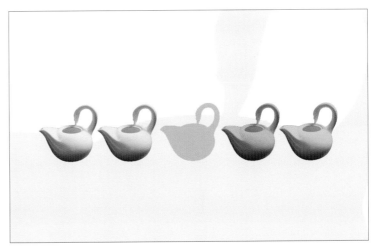

4.以色为重点制作的相互作用

以色为重点制作的相互作用是：在形、动、色、文、音的协调基础上强调"色"的内容，各要素不仅有各自的特征，而且能够突出表现其他要素，更是为了突出表现"色"的性格要素而使用。相互作用意味着相似、相反的协调关系，相互作用的制作会因为创作者本人所富有的创意思考、所具备的学识修养和文学背景不同，其设计制作的方法表现也会有所不同，即使如此，还是要制订个人计划以及考虑对方色彩喜好的制作计划，要具备有差别化色彩的战略意识。

Daria Tsoupikova
Rutopia 2/Virtual Reality/Russia

图片来源于Septime Creation Inc

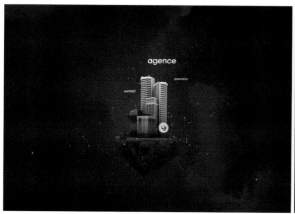

练习主题

以色为重点的相互作用的制作。

练习目的

通过运用计算机中已有的色彩数据和自己制作的色彩数据加以反复练习，理解"色"的电脑制作过程，要适应一种可共享、应用、交流学习的多媒体制作环境，以色为重点的多媒体设计作品的制作练习。

练习提示

运用上学期制作的色的素材（色的要素、色的知觉、色的混合、色的配色、色的相互作用），根据色的识别，制作以色为重点的多媒体设计作品。

练习步骤

首先以色的识别计划为基础，制作以色为重点而适用的形、动、色、文、音的相互作用的画面设计。

练习数量

横800pixel 竖600pixel 画面7张

建议课时 8课时

使用软件 Illustrator,Photoshop

Tips

对多媒体制作来说，人和人之间的沟通比计算机技术更为重要。多媒体作品制作时要通过形、动、色、文、音的相互作用，根据色的识别计划明确传达信息。以良好的沟通为基础的制作比信息的提供更为重要。多方面运用"色"的特征的识别计划很关键。

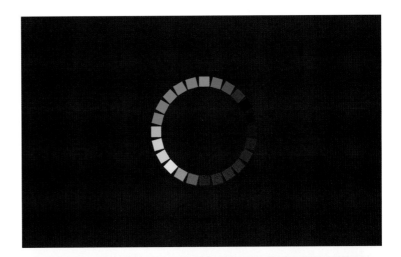

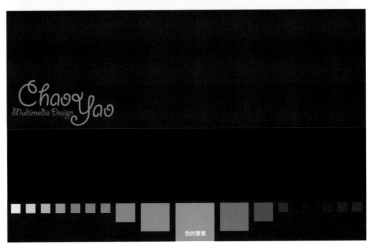

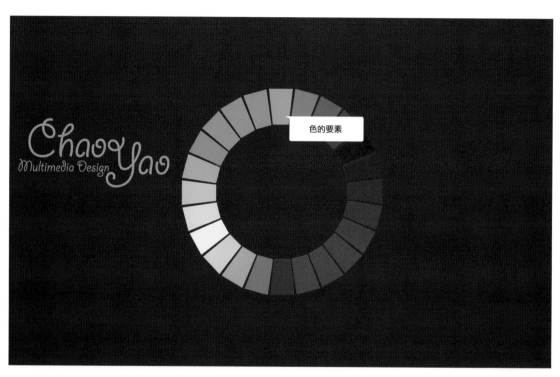

色的要素

Gerception of Color　色的知觉

第四章  文

萧墅　《墨竹》中国书画作家
传统中国宣纸画

1. 文的象征

以沟通为目的的文字发展象征其国家的文化。通过绘画文字、甲骨文字、象形文字发展而来的汉字同时也是具有语言、文学、图形作用的文字。汉字的字体是通过古代书法一代代流传演变至今的，而且随着电脑的普及发展也不断研发出了大众化的丰富多样的字体。汉字具有交流文化、沟通情感的文字功能，也具备以书法来表现绘画的一种功能，不仅能通过文字表现大自然的形态多样，还能体现一种独具书法味道的文字绘画，这种绘画境界超然、意趣横生。

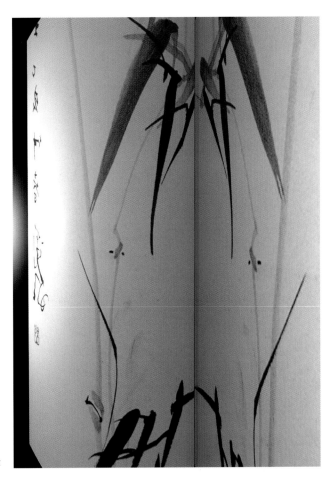

电脑镜像再制作

(1)五种基本的文：形文，数文，象文，理文，声文

如果把文的根源分为形文、数文、象文、理文、声文，重新考察文的根本含义："形文"象征存在于自然界的所有事物的形态，人类和动物的模样，人工物体的形态，以沟通为目的的绘画文字。"数文"象征除了文字化的语言以外的数字、符号，标记表示化学或物理学特殊符号的文字。"象文"象征把绘画文字、数字或符号文字、逻辑文字、声音文字等所有文字所具有的形态和意义综合起来表现的文字。"理文"象征表示人类的逻辑、法规、伦理等社会生活的规范或道理的文字。"声文"象征表示通过声音进行沟通的大自然的语言，喜怒哀乐的口音，通过气流摩擦唇、舌和牙齿进行沟通的语音和文字。

董其昌行书卷
明代（公元1368年-1644年）

(2)文的温故创新

在东方，同样的文字根据使用的场合不同其含义也各不相同。自古以来人类将生活中的语言和观察大自然所领悟到的生存法则演化成了今天我们和谐社会的形态，民间流传有"奇文不可读，读之伤天民。奇士不可杀，杀之成天神"的说法，当大家用象征性的或者暗喻的方式与对方进行沟通时，东方人往往不以直言不讳的方式，而是常常通过比喻的方式为对方着想。"文"的解说虽然是包括形态和语言的象征性的东西，但是"文"的意义在于它的形态和被赋予的语义，也是人与人之间尊重与和谐的相互关系。

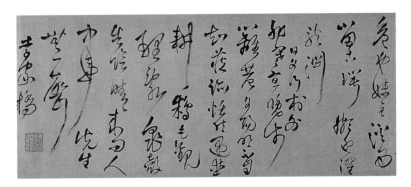

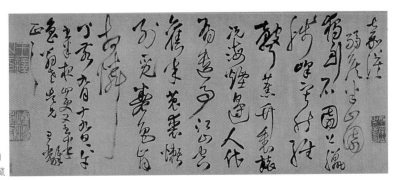

王铎草书卷 清顺治四年（公元1647年）
河南博物院馆藏

2.文的识别

(1)文的识别

文是人类知性的表现。语言和文字虽然一样，但使用起来却不尽相同。语言更倾向于感性，文字更倾向于知性。语言失误了，可得到原谅，但文字却不能，这是因为文字是知性的。诗或小说是把感性表现成知性，看的人却把其知性解释成自己的感性。就像符号、数字、文字的逻辑性表现是为科学的发展助一臂之力一样，文字的历史就是科学的历史。"文的识别"是运用文字自有的形态、意义、符号、象征、声音等交流工具，以差别化和统一性为目标的造型样式的构造。给信息做标记时，活用字体的意义、形态、大小、间距、布局会影响到信息可读性的提高，通过Storytelling而实现的信息的结构化会影响到信息解读性的提高。文的识别就是以差别化为目的，从而做一项统一的计划、展开、适用、管理的工作。

图片来源于www.mystreet.org

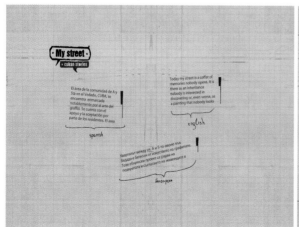
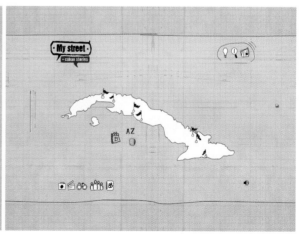

上/香奈儿化妆品
下/Flower Garden/Softfacade Design

图片来源于www.mystreet.org

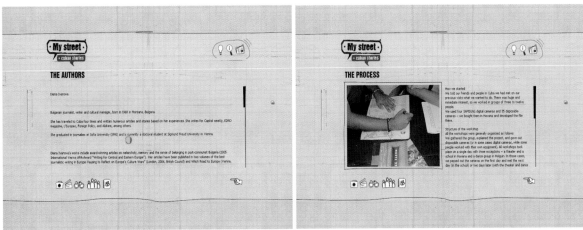

(2)文的识别要素

"文"同语言一样，是信息传达最初的方式。从古代象形文字的沟通到如今电脑互联网的普及，文字以世界交流的新的方式出现。东方的书法或西方的Typography把文字发展成单独的造型样式，通过手机或网页而进行的信息传达是以新的交流方式发展。文的识别是把个人或企业的特征通过文字有逻辑地展开。文的识别因素有：第一，信息的结构要有个性，而且是独创的，要差别化。第二，在画面上展开的，包括字体的造型要素之间要有统一性。第三，能容易判断信息的解读性和能容易理解的可读性。第四，字体的设计选择要有创意，还要有独创的造型感。第五，字体的排列要简单易懂，便于观者记忆。

图片来源于www.caime-friends.de

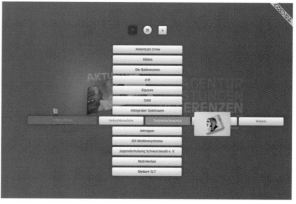

上/www.cargocollective.com

下/Appear Design Inc

图片来源于www.cargocollective.com

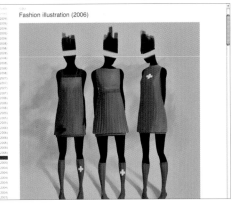

形
动
色
文
音

练习主题

运用文的五个象征意义，进行文的识别。

练习目的

重新考察文的根源，把文的意义通过现代化的解释，创造出新的文的练习。

练习提示

运用形文、数文、象文、理文、声文五种文字，策划设计一个文的识别画面，文的形态和含义。文字也可作为字体的表现方式，选择自己喜欢的图形、照片、插图、2D、3D中的任何一种，要注意的是三个画面要统一。表达自己想要表达的主题，要让观者知道你要表现的是什么。

练习步骤

五文是表现文的象征意义的，所以学生有必要通过自己对文的理解认识重新解释你所认为的五文的含义。用文字的含义和形态的相互关系表现文字，或者以图片的形式表现文字。

练习数量

横800pixel 竖500pixel 画面6张

主画面 1张

副画面 5张

建议课时 4课时

使用软件 Illustrator, Photoshop

形

形的要素潜在意识的形数式的形
自然的形形的相互作用

文

文的要素文的知觉视觉语言文的相互作用

动

动的要素动的知觉
虚拟的动物理现象的动动的相互作用

音

音的要素音的知觉
图形乐谱音和动的造型音的相互作用

色

形的要素潜在意识的形数式的形
自然的形形的相互作用

3.文的设计

(1)文字的设计

文字的形态是解读信息的重要因素。字体的选择非常重要，因为根据信息性质的不同会有不同的字体适合，而且根据不同的字体，画面也会有所不同。文字设计分别有"标题文字"和"文本文字"的设计。标题文字是提供信息的主体文字(Logo-type)，文本是信息的内容。画面的构成大多是以图像和文字构成，但也可以是全文字的画面。文字根据字体的形态、大小、字间距、行间距发生变化，可读性也有所差异。如上所述，提供信息的一方要站在用户的立场上，为用户着想，让用户能够容易接收和解读信息，而且，还需要根据文的识别计划，进行更有效、统一的适用。

文字的设计要素

① 根据文的识别计划，选择文字的形态。

② 选择字体时，要把握好主题内容的特点。

③ 文章要含蓄，使用户更加便于理解内容。

④ 安排字体时，要充分利用空余部分。

⑤ 可以灵活应用有感觉的要素，譬如绘画文字或者其他。

图片来源于Elastic Production Inc

图片来源于www.michaelbodiam.com

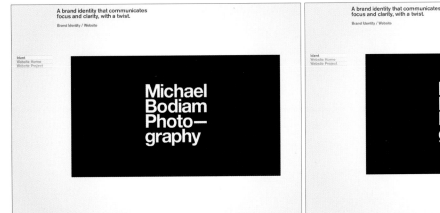

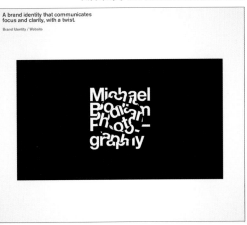

练习主题

根据文的识别，进行文字设计。

练习目的

理解文的识别，通过运用"字体形态"和"字体特性"，进行文字设计与文字统一性的适用，通过此训练对画面进行设计安排。

练习提示

根据在已有画面上设置好的"文的识别"，可以选择计算机自带的字体应用到标题（多媒体设计，本人的姓名）和文本上。标题的设计要从计算机自带的字体中选择符合自己名字气质的字体，也可以混合使用多种字体，还可以运用五文的含义。

练习步骤

字体的选择分为"标题"和"文本"，文本可根据文的识别计划指定一个固定字体，还可以根据个人喜好用色彩表现文字。

练习数量

横800pixel 竖500pixel 画面3张

主画面 1张

副画面 2张

建议课时 4课时

使用软件 Illustrator, Photoshop

Tips

标题和名字可根据自己的风格选择字体，再决定用什么样的素材（图形、照片、插图、2D、3D）表现字体。文字的大小、字间距、行间距的调节以及主画面和副画面的统一非常重要。

左右两侧作业是运用电脑自带字体的文字设计的，虽然是学生按练习规定意图变形完成了字体的作业，但是没有多样化表现自己个性的特征。其中吉文浩同学的正四边形的名字设计运用和王军同学的名字印章设计运用得较有特征，使画面看起来简单干净而富有韵味。

(2)Storytelling

所谓的Storytelling是在电影、电视剧、动画片中应用的与叙事性结构类似的线性结构，是在数字化媒体资讯中发生的，为了用户和资讯之间的交流而形成的线性结构，这两种线性结构就是Storytelling。美国Bickel大学的Joe-Lambert把Storytelling定义为：把古老的故事与新的媒体相结合，衍生出符合现代生活的有价值的故事。换句话说，以数字化媒体为基础，将资讯制作成自己所需的一种创作技术，不仅是文字，还包括图像、声音、动画、相互作用等故事的叙述行为。

Storytelling的制作要素

① 根据文的识别计划，做Storytelling。

② 制作一段容易把握Contents情节的内容。

③ 文章要让用户感觉到亲近，简短而有可读性。

④ 安排文字需要有感觉，要做到让观者很容易识别信息的结构。

⑤ Storytelling要简单易懂，段落的衔接也很重要。

图片来源于imjonas design

Audio Book Shelf Inc

图片来源于www.zalibarek.com

 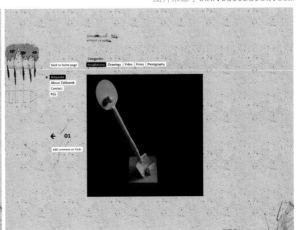

练习主题

把 "文的识别" 变换为Storytelling。

练习目的

把文的识别用自己的理解创作为Story-telling的练习。

练习提示

把文的识别设想为一个自己创作的Storytelling, Storytelling是以文字记述的 "文的识别"，学生通过此练习可以掌握把一个项目从 "策划到实行" 的全过程用文字来记录。根据Story-telling设计画面，并统一适用到三个画面上。

练习步骤

把Storytelling表现为Image和把Image表现为Storytelling,最终是为制作打基础的，所以Storytelling要表现得简单易懂。

练习数量

横800pixel 竖500pixel 画面3张

主画面 1张

副画面 2张

Storytelling A4 1张

建议课时 4课时

使用软件 Illustrator, Photoshop

Tips

正确理解文字构成的故事和Image表现方式的相互关系，在理解形的识别和Story-telling关系的基础上制作文字，表现Image。

形的要素，潜在意识的形，数式的形，自然的形，形的相互作用，动的要素，动的知觉，虚拟的动，物理现象的动，动的相互作用，色的要素，色的知觉，色的混色，色的配色，**色的相互作用**，文的要素，文的知觉，视觉语言，文的相互作用，音的要素，音的知觉，图形乐谱，音和动的造型，音的相互作用

多媒体设计
杨晓东
色的相互作用

形的要素
潜在意识的形
数式的形
自然的形
形的相互作用
动的要素
动的知觉
虚拟的动
物理现象的动
动的相互作用
色的要素
色的知觉
色的混色
色的配色
色的相互作用
文的要素
文的知觉
视觉语言
文的相互作用
音的要素
音的知觉
图形乐谱
音和动的造型
音的相互作用

多媒体设计
杨晓东
色的相互作用

形的要素
潜在意识的形
数式的形
自然的形
形的相互作用
动的要素
动的知觉
虚拟的动
物理现象的动
动的相互作用
色的要素
色的知觉
色的混色
色的配色
色的相互作用
文的要素
文的知觉
视觉语言
文的相互作用
音的要素
音的知觉
图形乐谱
音和动的造型
音的相互作用

色和形、动、文、音，具有有机结合作用的关系，如者无意义的 "形" 加上 "色" 可以表现一种性格。
"形" 中部加动画和音制作作动，按照色的相互的作用可以变化成各种样子。
所以既使记者文的形在有序排列以后可以生成连续或纹理，在这生成加加颜色。
可以形成连续纹理，连续纹理在激虹确定生活中应用很广泛。

左侧的多媒体作品是在背景画面中加入名字和主题，仅用文字的画面设计。界面也是按照文字排列，提高了可读性和统一感。

右侧的多媒体作品是运用自由笔体的设计和界面设计，表现了学生本人的性格特征，是一种简单明了、不拘一格的设计方法。

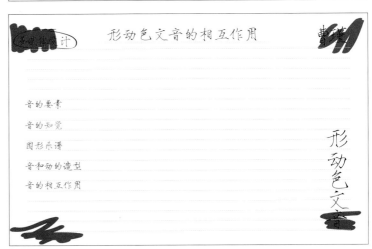

4.以文为重点制作的相互作用

以"文"为重点制作的相互作用是：在形、动、色、文、音的协调基础上强调"文"的内容，各要素之间不仅有各自的特征，而且能够突出表现其他要素，更是为了在突出表现"文"的性格要素时使用。相互作用意味着相似或相反的协调关系，相互作用的制作因为创作者本人所富有的创意思考、所具备的文学修养和文化背景不同，其设计制作的方法表现也会有所不同。即使如此，还是要有计划地按照个人对文字的爱好意愿取向，制作具有差别化的文字素材。

土佐尚子(Naoko Tosa)
Hitch-Haiku/Interactive/Japan

图片来源于www.eu.wrangler.com

练习主题

以"文"为重点制作的相互作用的制作。

练习目的

通过运用计算机数据和自己制作的数据反复练习，理解计算机数据的制作过程，共享、应用、交流多媒体作品的制作环境，设计以"文"为重点制作的多媒体设计作品。

练习提示

运用上学期制作的文的素材（文的要素、文的知觉、视觉语言、文的相互作用），根据文的识别，制作以文为重点的多媒体作品。

练习步骤

首先制作以文的识别计划为基础的方案，再以文为重点，设计出适用的形、动、色、文、音相互作用的多媒体设计作品。

练习数量

横800pixel 竖600pixel 画面7张

建议课时　8课时

使用软件　Illustrator,Photoshop

Tips

对多媒体制作来说，人和人之间的沟通比计算机技术更为重要。多媒体制作时，要通过形、动、色、文、音的相互作用，根据识别计划明确传达信息，以良好的沟通为基础的制作比信息的提供更为重要。多方面运用"文"的特征的识别计划非常重要。

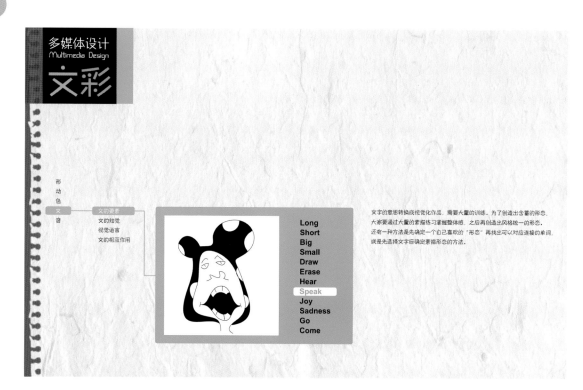

多媒体设计
Multimedia Design

文彩

形
动
色
文
音

文的要素
文的知觉
视觉语言
文的相互作用

Long
Short
Big
Small
Draw
Erase
Hear
Speak
Joy
Sadness
Go
Come

文字的意思转换成视觉化作品，需要大量的训练。为了创造出含蓄的形态，大家要通过大量的素描练习掌握整体感，之后再创造出风格统一的形态。还有一种方法是先确定一个自己喜欢的"形态"再找出可以对应连接的单词，或是先选择文字后确定素描形态的方法。

多媒体设计
Multimedia Design

文彩

形
动
色
文
音

文的要素
文的知觉
视觉语言
文的相互作用

掌握文章的整体内容之后要凸出哪一部分表现是重点。按照重点表现的要素设计会有所变化，按照字体的形态、大小、行间距、字间距、配置的不同视觉效果也会产生变化。

Leonardo da Vinci

多媒体设计
Multimedia Design
文彩

形
动
色
文
音

文的要素
文的知觉
视觉语言
文的相互作用

利用文字的图像按照文字的字义找出相似形态，以及过去的经验，
表现力度不同而感觉也会不同。假如构想出以文字引起的一段故事，
然后想成把这个故事画在画面中，会比较容易制作。
也可以将文字一部分的偏旁部首留在画面中，
会使观者更容易理解你要表达的意思。

多媒体设计
Multimedia Design
文彩

形
动
色
文
音

文的要素
文的知觉
视觉语言
文的相互作用

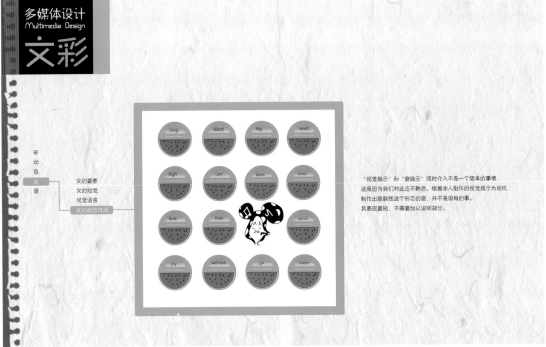

"视觉提示"和"音提示"同时介入不是一个简单的事情，
这是因为我们对此还不熟悉，根据本人制作的视觉提示为动机，
制作出能联想这个形态的音，并不是很难的事。
其表现短，不需要加以说明部分。

第五章 音

"埙"用陶土烧制,是中国古老乐器的一种,它是儒家"和为贵"的哲学思想在音乐上的集中反映。

1. 音的象征

音乐是使用声音创造的艺术。随着人类文明的发展,带来了多种多样的音乐理论、演奏技法和乐器的发展。现在,人们通过声音去感受情感,制作动听的声音,从而愉悦自己的情感领域,音乐不再是特定的所有物,音乐成了与人类生活紧密相连的大众化要素,因电脑媒介的发达,即使不是作曲家、演奏家也可以开演奏会,甚至可以使用自然的风声或者是人声转换为钢琴、小提琴、大提琴的演奏,这更是扩大了电子音的使用领域。

电脑镜像制作

(1)五个基本的音——宫音，商音，角音，徵音，羽音

"宫、商、角、徵、羽"是我国古老五声调式中五个不同音的名称，类似现在简谱中的1、2、3、5、6，相传是由中国最早的乐器"埙"的五种发音而得名。作为音级，宫、商、角、徵、羽等音只有相对音高，没有绝对音量。把音的根源分为宫音、商音、角音、徵音、羽音进行韵意的再分析:角音好比春天缓慢的声音，柔和的小股音，臼齿的声音是从下往上的声音，相当于5音阶里面的"斗"。徵音好比夏天散漫的声音，事物散发出的声音，舌头的声音是往上散开的声音，相当于5音阶里面的"来"。宫音好比万物合成的声音，和谐与团结的声音，大地开启、湖面波起的声音，是从肚子里发出的声音，相当于5音阶里面的"米"。商音好比秋天万物收获的声音，声音匀称，有带尾声的锣的声音，像齿音高且清脆的声音，相当于5音阶里面的"叟"。羽音好比冬天内在的音，低而平稳的长鼓声音，是嘴唇生硬地从向上高到往下下沉的声音，相当于5音阶里面的"拉"。

良笙　洪啸音乐教育工作站图片提供

(2)音的温故创新

在东方，五音是由音阶、线法的作用与构音、动物的声音、传统乐器的
声音五行要素来表现。中日韩三国虽稍有差异，但都是以使用自然和人
类协调的声音来表现音乐，过去的宫廷音乐、民谣、传统歌谣等都是由
五音阶构成的。西方的巴洛克音乐或者教会音乐也是五音阶较多，因为
这是人们所能接受的最舒适的音。东方的音是一种象征，意味着自然、
人类、音相互协调的关系。

上/彩绘坐部伎乐俑 隋代
（公元581年—618年）河南博物院馆藏
下/"王孙诰"编钟 春秋
（公元前770年—前476年）河南博物院馆藏

2.音的识别

(1)音的识别

音是人类情感的表现。听着音乐哼歌或者摆动身体都是因为刺激情感所引起的反应。人类的情感人皆有之，但是因为这种情感在人的内心深处不容表露，所以往往被人忽略。即使不是艺术家，适当开发自己的情感也可以达到一定的艺术境界。最近，刺激这种情感的媒体有美国Apple公司开发的iPod，这不仅是个人媒体，也是使个人达到艺术境界的媒体。好比开发自己独特的音色和节奏来唱歌或演奏成为明星、歌手或者演奏家，为了开发自己独特的音色或节奏进行的一系列的尝试过程，以及企业为了使企业形象让大众轻易识别开发制作音的过程叫音的"识别计划"，就是音的识别以差别化为目的，统一性地计划、展开、适用以及管理的工作。

图片来源于www.tummytuner.com.au

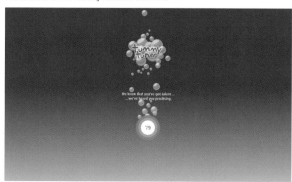

上/Untited Sound Object
下/Softfacade Inc/Pocket Trumpet Inc

图片来源于www.tummytuner.com.au

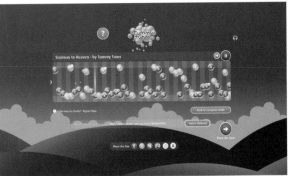

(2)音的识别要素

声音始终跟随着人类的历史而存在。以自然的声音为基础,"音"和"乐器"的发展使人类的生活更丰富多彩。电子媒体的开发使音的概念超越了音乐本身,转而成为信息传递的新的媒体,同时影像的运用也有效地传达了信息的重要要素。"音的识别"是以音为素材,将音的造型要素开发成为更具美感的音符,并有统一的识别计划。音的识别要素有:第一,音的创作要极具个性,有独特的差别性。第二,造型要素之间的音的形象(背景音,界面音)要有统一性。第三,可按使用者的喜好来选择音。第四,具创意感和独特的节奏。第五,整体的节奏不能复杂,要单纯。

图片来源于www.typorganism.com

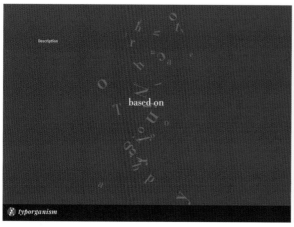
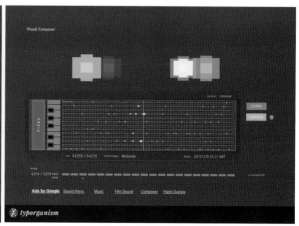

上/Shinya Kasatani
下/Algoriddim Gmbh Inc

图片来源于Jumpei Wada Inc

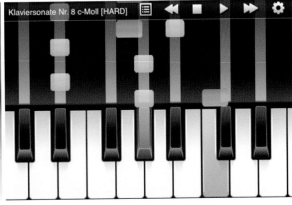

练习主题

运用五个基本的音,进行音的识别。

练习目的

重新考察音的根源,把音的意义通过现代化的解释,创新出新的音的练习。

练习提示

运用宫音、商音、角音、徵音、羽音这五种音,策划音的识别。由于五音的含义非常多样,因此我们也可以表现得抽象一些。由于"音"也要用"形"来表现,所以形的选择也很重要。音的表现方式可以选择我们周围熟悉的图形、照片、插图、2D、3D中的任何一种,要注意的是,三个画面要统一。

练习步骤

五音是表现音的象征意义,所以,每个学生有必要重新解释一下你心目中所理解的"五音的含义"。并用多媒体的方式表现一幅作品。

练习数量

横800pixel 竖500pixel 画面6张
主画面 1张
副画面 5张

建议课时 4课时

使用软件 Illustrator,Photoshop

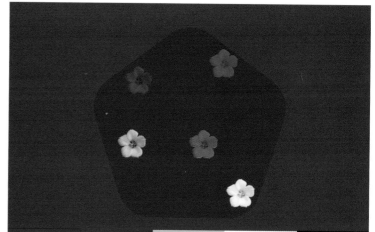

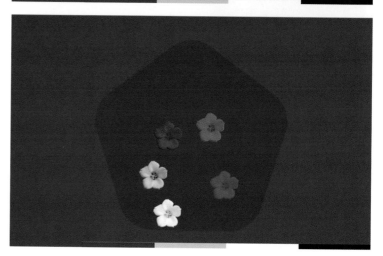

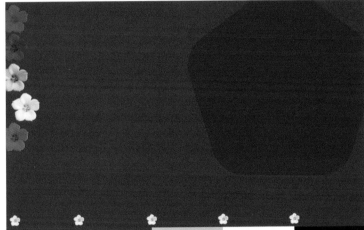

Tips

设计以苹果为主题的作品时，先对苹果进行分析。经过初步分析可以抽取出形态、意义、关于苹果的故事等几个词语。例如：可以抽取出圆、红、爱情、女人、纯洁等几个词语，然后以这几个词语的共同点（爱情）为主题进行识别策划。"音的识别"是把这个爱情故事中各种各样的形象，用音阶、乐器、声音来制作，再把这种爱情故事用音作为素材，再贯性地运用到主题音乐上。

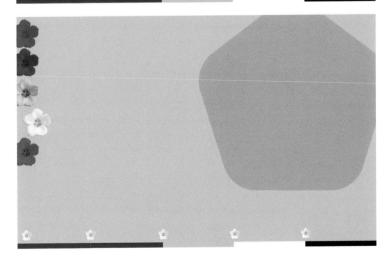

3.音的设计

(1)画面音

我们在看电影或电视的时候会发现，按照背景音乐的变化影像的效果会大有不同，激动的场面会用使人激动的音乐，伤心或快乐的场面会插入适应当时情景的音乐。所以，在画面中，音乐是增强信息传递效果的重要要素。插入音乐时，可使用原有的音乐或制作新的音乐，但是使用原有音乐涉及版权问题，所以我们提倡使用自己制作的音乐。画面音乐和背景音乐不能影响到将来的信息检索，一定要选择符合适用画面场景内容的适当柔和的音乐。使用者最好能按照自己的喜好选择音乐或按照音的识别计划使用统一性的画面音乐。

音的设计要素

① 设计适合主题意图的音的识别计划。

② 按照主题内容的特性表现画面音。

③ 画面音乐能让使用者便利地查找主题信息。

④ 让使用者能按照自己的喜好选择画面音。

⑤ 插入听觉要素（音色，节奏）。

图片来源于www.virusmusic.com

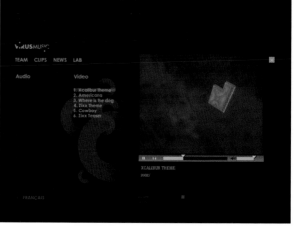

Seo Hiroshi/www.seohiroshi.com

Mattew Finn Inc/Zen Ho Inc/右

练习主题

根据音的识别，制作背景音乐。

练习目的

从音的识别中选择音乐，通过音的统一性的训练，同学们自己进行背景音乐制作的练习。

练习提示

根据在已有画面上设置好的音的识别，制作背景音乐。背景音乐可以用乐器音、物体音、计算机的效果音来制作，根据画面中音的表现方式选择自己喜欢的图形、照片、插图、2D、3D中的任何一种，要注意的是，三个画面要统一。

练习步骤

背景音乐要简单易懂，要尽量让听众听懂，并与主题画面的意境相协调。

练习数量

横800pixel 竖500pixel 画面3张
主画面 1张和背景音乐
副画面 2张和背景音乐

建议课时 4课时

使用软件 Illustrator, Photoshop

Tips

"背景音乐"要选择平静祥和的音乐，根据用户的兴趣来选择也很重要。需要注意的是：乐器、节奏、音色的良好搭配更能有助于保持画面的统一性。

这是一个画面与界面、画面音、界面音一体化的多媒体作品，钢琴键盘充当了画面和界面的作用，特别有趣之处在于这个画面提供了设计者本人的信息，优点是给使用者带来了想敲打钢琴键盘的娱乐性。

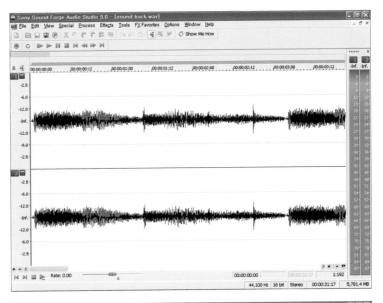

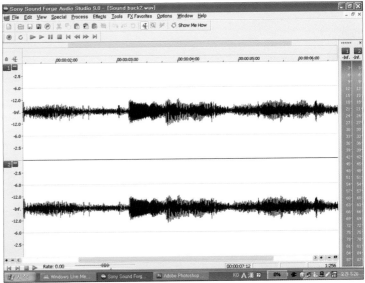

形
动
色
文
音

(2)界面音

让我们来假设，如果画面音乐是交响曲，那界面音乐应是协奏曲。两
人配合默契才能成为成功的演奏会，那么"画面音乐"和"界面音乐"
也要协调搭配。界面音是通过手指操作鼠标按键双击时发出的音，所
以跟"界面设计"密不可分。界面音可以插入相同的音或者按照不同的
界面信息插入不同的音。因为是点击鼠标同时发出的声音，所以大部分
使用单音较多。制作界面音时通常可以使用"乐器音"、"物体音"、
"构音"，也有使用电子音乐效果的情况。选择不跟背景音乐冲突的、
有效协调的音，且按照"音的识别"计划统一性的设计。

音的设计要素

① 按照音的识别计划制作界面的按键音。

② 设计有助于理解界面内容的、符合按键功能的音。

③ 界面音的设计要给使用者亲切感。

④ 界面音的认知一定要大众可接受。

⑤ 画面音与界面音不能相冲突，要有主次之分。

左/右 Icework Inc

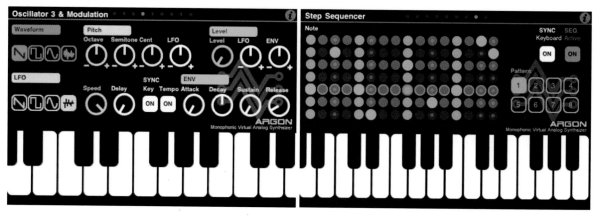

音的界面图标

SonicMule Inc 左/右

形 动 色 文 音

练习主题

根据"音的识别"制作"界面音"。

练习目的

从"音的识别"中选择音乐，通过对音的统一性的训练，进行界面音制作的练习。

练习提示

根据在已有画面上设置好的音的识别，制作界面音和背景画面。"界面音"可以用乐器音、物体音、计算机的效果音来制作，还要考虑与背景音乐是否协调。界面中背景画面的表现方式可以选择我们生活中常见的图形、照片、插图、2D、3D中的任何一种，要注意的是，三个画面要统一。

练习步骤

"界面音"是作为选择信息时听到的瞬间音，这个瞬间"音"要直接体现"界面的设计"，因此同学们设计制作时务必记住要简单直接。

练习数量

横800pixel 竖500pixel 画面3张
主画面 1张和界面音
副画面 2张和界面音

建议课时 4课时

使用软件 Illustrator,Photoshop

Tips

"界面音"与"画面音"关系密切，要我们学习掌握音的相互协调关系。"界面音"应该选择与背景音乐的乐器、节奏、音色相符合的音乐，制作时最好还要有一些文字记录，这样有助于间接地说明信息的内容。

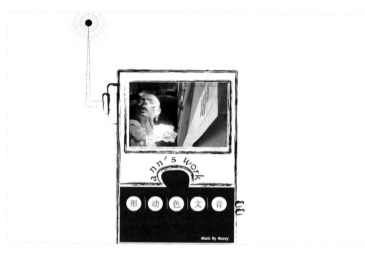

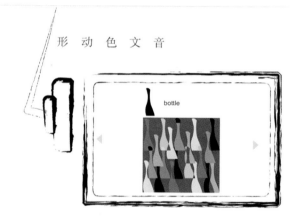

这个多媒体作品的画面设计和界面设计较
简单, 但是它的背景音、界面音和影像部
分的制作表现却非常有充实感。虽然设计
与规格化部分较弱, 但是这个作品却充分
体现了学生本人的性格。

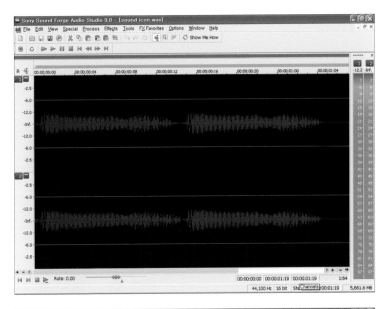

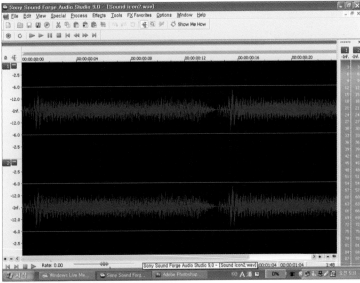

4.以音为重点制作的相互作用

以"音"为重点制作的相互作用是：在形、动、色、文、音的协调基础上强调"音"的内容，各要素不仅有各自的特征，而且能够突出表现其他要素，更是为了突出表现"音"的性格要素时使用。相互作用意味着相似或相反的协调关系，相互作用的制作会因为创作者本人所富有的创意思考、所具备的音律修养和文学背景不同，其设计制作音的方法表现也会有所不同。即使如此，也要有计划的按照个人对音的喜好以及听众对音的意愿取向，制作具有差别化的音的素材。

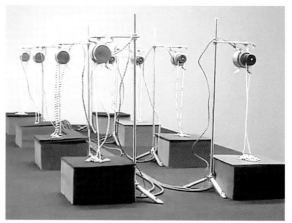

Pe lang, Zimoun/Untitled-Sound-Object
Sound Installation/Switzerland

左/右 greySox Inc

练习主题

以"音"为重点制作的相互作用的配音设计制作。

练习目的

通过对计算机中"音"的数据制作和对已制作的广泛应用音的资料反复加以练习，理解音的数据制作过程，共享、应用、交流多媒体音的制作环境，设计以"音"为重点制作的多媒体作品中配音的制作练习。

练习提示

运用上学期制作的"音"的素材（音的要素、音的知觉、图形乐谱、音和动的造型、音的相互作用），根据音的识别制作以"音"为重点的多媒体作品。

练习步骤

首先以"音"的识别计划为基础，以音为重点用配音表现适用于形、动、色、文、音的相互作用画面的多媒体作品。

练习数量

横800pixel 竖600pixel 画面8张

建议课时 8课时

使用软件 Illustrator,Photoshop

Tips

对多媒体配音的制作来说"制作者本人"和"听者之间"的沟通要比计算机应用技术更为重要。制作者在创作时要全面地分析理解形、动、色、文、音的相互作用，根据自己对音的识别计划传达明确信息，以良好的沟通为基础，那才是最完美的多媒体配音作品。

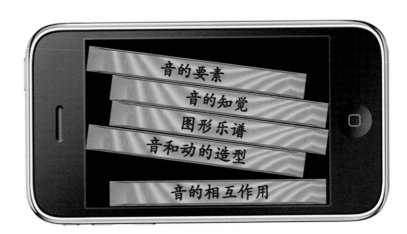

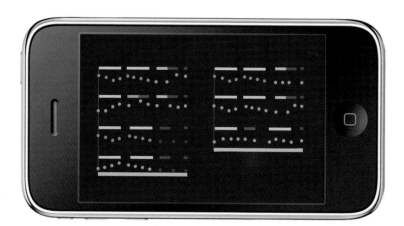

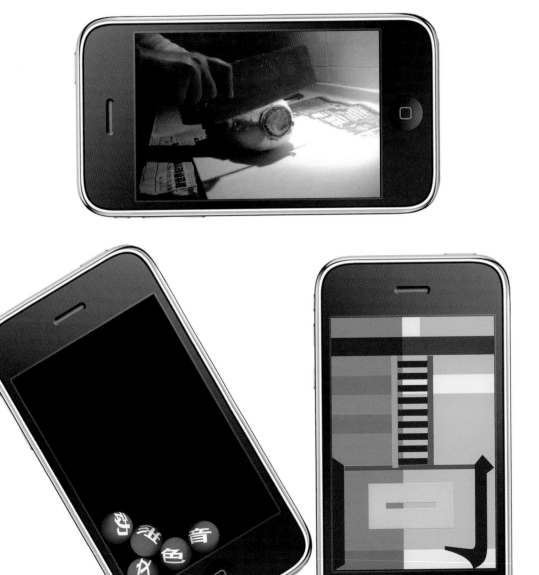

以上多媒体作品是作者以苹果手机为试验媒体，将学生创作设计完成的画面音和界面音作业通过电脑连接输入到苹果手机里，作的一个实际的互动练习展示，学生可将自己拍摄的摄影作品和DV影像画面设计成自己专用的界面，其中一个作品是将形、动、色、文、音的五色文字小球做成互动小游戏，在晃动机身或行走的过程中，手机中的五色小球相互碰撞随机发出12356的音律来，这是多媒体作品在手机内容的使用上更人性化的一种体现。

《多媒体设计应用》课程／课时安排

章节	课程内容	课时	
第一章 形	1．形的象征—圆形，三角形，四边形，五角形，波形	4	20
	2．形的识别	4	
	3．形的设计	4	
	4．以形为重点制作的相互作用	8	
第二章 动	1．动的象征—主动，煽动，行动，生动，感动	4	20
	2．动的识别	4	
	3．动的设计	4	
	4．互动	4	
	5．以动为重点制作的相互作用	4	
第三章 色	1．色的象征—青色，红色，黄色，白色，黑色	4	20
	2．色的识别	4	
	3．色的设计	4	
	4．以色为重点制作的相互作用	8	
第四章 文	1．文的象征—形文，数文，象文，理文，声文	4	20
	2．文的识别	4	
	3．文的设计	4	
	4．以文为重点制作的相互作用	8	
第五章 音	1．音的象征—宫音 ，商音，角音，徵音，羽音	4	20
	2．音的识别	4	
	3．音的设计	4	
	4．以音为重点制作的相互作用	8	

后记

在30年的教育生涯里写过多篇论文，但是每次在最后完稿时都没有像今天这般有无法言喻的喜悦感，想必是因为她如新生婴儿般太过可爱吧。

30年在教学课堂，因一个新领域新学问的初始，同时，又肩负了服务于国家和大学的责任而一直忙碌着，未能静心地专门研究自己的学问，这本书的完成也成就了我内心深处的反省契机。

但是，就在担任ASIAGRAPH会长、韩国计算机图像协会会长、韩国设计协会副会长、韩国计算机协会副会长时所悟出的："实现科学技术与文化艺术融合"的思想和12年来亲身体验中国原始的东方文化原型所学会的一切，才帮助今天的我提出了形、动、色、文、音这样一个主体思想。

东方的文化、哲学、思想是属于精神境界的，所以我在写这本书的时候一直在苦恼，传统含蓄的历史潮流如何与现代多媒体设计教育相结合？在现场观察和学习中国的文化原型中的建筑、文字、书法、绘画、雕刻、工艺、佛教文化等过程中，我用了大量的时间去考虑如何编制和开发文化内容的教育课程，思考着如何引导出那些隐藏在民间生活中文化要素的造型教育，用何种方法开发当今网络时代我们的学生潜在的智慧能力，或是，如何让他们将这种独特的东方文化传承下去等等。

本书还有许多不足和些许的遗憾，但本书可作为单纯的提示教育方向来看。衷心希望以后在这个领域能有更多的研究学者踊跃研究，共同树立东方式的新的造型教育。

金钟琪　王斗斗

致谢

首先感谢上海人民美术出版社李新社长以及姚宏翔责编、赵春园女士对多媒体这样一个新专业教材的鼎力支持，因为他们，此书才得以顺利出版。

更要感谢中国上海工程技术大学汪弘校长，数字媒体艺术学院任丽翰院长，王如仪教授，给我在中国任教期间的大力支持和关心。还有对中国上海音乐学院多媒体专业的教授和同学们的感谢，是你们的好学努力和优异的毕业成绩给了我编写此书的信心！

感谢你们！我在中国授课的这段时间里，是你们让我感受并经历了中国这十年的伟大变革，让我更感到欣慰和感谢的是中国的教师具有一种韧劲，一种能打动人的力量。当社会还处在嘈杂声中，谈论网络的普及技术是否跟得上时代的问题时，我所见到的中国当代这些年轻的大学生们，他们的见解大多是肯定地认为人的思想、判断、智慧、沉思以及感受与"技术"无关，至少这年轻的一代懂得：古人的语言没有因为刻在了兽骨上，莎士比亚的戏剧没有因为是使用了鹅毛笔就说他们落后，他们并没有拒绝传统，他们的作品恰恰更多借鉴和运用了中国传统文化的多种元素。他们今天的成绩更使我信心百倍地看到中国有着潜力无限的未来。

捕捉那些稍纵即逝的印象，秉持育人的观点并传授予人学问是很困难的事，而真正能做到这一切的，正是这些默默无闻地付出不间断的耐心和宝贵时间的老师们！谢谢你们！

金钟琪　王斗斗

图书在版编目(CIP)数据

多媒体设计应用/[韩]金钟琪，王斗斗　编著—上海：上海人民美术出版社，2010.08

（中国高等院校多媒体设计专业系列教材）

ISBN 978-7-5322-6452-0

I. 多…　　II.①金…②王…　III. 多媒体技术　　IV. TP37

中国版本图书馆CIP数据核字（2009）第134341号

中国高等院校多媒体设计专业系列教材

多媒体设计应用

总 策 划：李　新

编　　著：[韩]金钟琪　王斗斗

统　　筹：姚宏翔

责任编辑：赵春园

装帧设计：金钟琪

特约编辑：丁　雯

技术编辑：季　卫

出版发行：上海人民美术出版社

（地址：上海长乐路672弄33号　邮编：200040）

印　　刷：上海丽佳制版印刷有限公司

开　　本：787×1092　1/16　8印张

版　　次：2010年08月第1版

印　　次：2010年08月第1次

书　　号：ISBN 978-7-5322-6452-0

定　　价：38.00元

多媒体设计基础
The Basic of Multimedia Design

[韩] 金钟琪　王斗斗　编著
ISBN 978-7-5322-6453-7
136页　￥38.00元

本书是一本有着传统教育基础又兼具独特视点的书。作者在从事教育工作的同时又在艺术创作实践中感悟如何在数字时代，编写出让新一代的创意者们活学活用并适合学习多媒体设计的书。

本书提倡和采用了从自然的观察中寻找造型素材的原则，将数学解析以及物理的现象结合。用来自普通生活中的形态、动作、色彩、文字、音乐五种要素来启发引导学生。

书中证明了所有的事物都是可以由基础发展到实践应用，使学生不只是从视觉领域获得多媒体的基础知识。而是强调当前教育要重视将汉字、民俗文化这样独特的，带有"东方印记"的特有文化引用到设计作品中。向后世传达这样一个重要的中国独有的教育理念。

多媒体设计应用
The Application of Multimedia Design

[韩] 金钟琪　王斗斗　编著
ISBN 978-7-5322-6452-0
128页　￥38.00元

本书是中国高等院校多媒体设计专业系列教材的第二本。在第一本《多媒体设计基础》的基础上，对五感有了更深入的说明。是本适合新生代的创意者们活学活用的教材。

本书提倡和采用了从自然的观察中寻找造型素材的原则，将数学解析以及物理现象相结合。用来自普通生活中的形态、动作、色彩、文字、音乐五种要素启发引导学生。

书中证明了所有的事物都是可以由基础发展到实践应用，使学生不只是从视觉领域获得多媒体的基础知识，而且强调当前教育应注重将汉字、民俗文化这样独特的，带有"东方印记"的特有文化引用到设计作品中。